HUOLI FADIAN QIYE YINGJI CHUZHIKA

火力发电企业
应急处置卡

国家电力投资集团公司　编

U0311779

中国电力出版社
CHINA ELECTRIC POWER PRESS

图书在版编目（CIP）数据

火力发电企业应急处置卡/国家电力投资集团公司编. —北京：中国电力出版社，2017.9（2019.2重印）

ISBN 978-7-5198-0796-2

Ⅰ. ①火… Ⅱ. ①国… Ⅲ. ①火电厂－突发事件－处理 Ⅳ. ①TM621

中国版本图书馆 CIP 数据核字（2017）第 120830 号

出版发行：中国电力出版社
地　　址：北京市东城区北京站西街 19 号（邮政编码 100005）
网　　址：http://www.cepp.sgcc.com.cn
责任编辑：赵鸣志（zhaomz@126.com）
责任校对：王小鹏　常燕昆
装帧设计：赵姗姗
责任印制：蔺义舟

印　　刷：北京天宇星印刷厂
版　　次：2017 年 9 月第一版
印　　次：2019 年 2 月北京第二次印刷
开　　本：787 毫米×1092 毫米　32 开本
印　　张：9.125
字　　数：172 千字
印　　数：2001—3000 册
定　　价：36.00 元

《火力发电企业应急处置卡》
编委会

前　言

　　最有效的应急处置是在突发事件初始阶段即采取正确和准确的应急处置，第一时间将突发事件消灭或控制在萌芽状态，对降低突发事件造成的危害、减少人员伤亡和财产损失起到关键性作用。

　　国家电力投资集团公司实施的"应急处置卡"，具有简明、易懂、实用的特点，是加强企业一线员工应急知识普及、提高自救互救和现场处置能力的有效手段。它是在编制企业应急预案和现场处置方案的基础上，针对重点设备、重点环节、重点岗位存在的危险性因素及可能引发的事故事件，按照具体、简单、针对性、可操作性、实用的原则，将现场处置方案中的职责分工、应急程序、处置措施、注意事项进一步简化，最终形成了卡片的形式。

　　国家电力投资集团公司于2016年由安全质量环保部组织，由集团公司所属的中央研究院和河南公司联合实施，以河南公司所管辖的平顶山发电分公司为试点单位，开展了现场处置方案及应急处置程序卡片化的研究工作。研究结合了平顶山发电分公司原有应急处置卡，参考了危害辨识与风险评估数据，梳理了火电企业重点岗位和重点设施清单，客观评价火电企业生产安全事故风险。同时，征求、汇总各层级有关应急处置负责人和现场一线员工的意见，设计出面向不同层级应急组织机构功能组、负责人的应急处置卡和展示现场处置方案或其要点的应急处置卡。在这些细致工作的基础上，按照职责明确、分工明确、处置措施明确的原则，编制形成了《火力发电企业应急处置卡》，做到了火力发电企业所有重点场所、装置或设施都有现场处置方案，所有重点岗位都有岗位应急处置程序，关键应急程序和处置方案实现了简明化、卡片化、图表化、牌板化，有效地避免了应急救援预案篇幅冗长、内容复杂、核心内容不突出的缺点。

"应急处置卡"易于员工掌握，可使一线员工在较短的时间内提升应急救援技能，进一步强化一线员工应对突发事故和风险的能力，在事故应急处置过程中可以简便快捷地予以实施。

希望本书的出版，能够对火电企业应急处置卡优化工作起到积极的推进作用。

2017 年 8 月

目 录

前言

1 **应急管理委员会及其成员应急处置卡**……………1

  1.1 应急管理委员会主任……………………1

  1.2 应急管理委员会副主任…………………3

  1.3 应急管理委员会成员……………………5

  1.4 应急办主任……………………………7

  1.5 应急专家组……………………………9

2 **应急指挥部及其成员应急处置卡**……………11

  2.1 应急指挥长……………………………11

  2.2 应急副指挥长…………………………13

  2.3 医疗救护组……………………………14

  2.4 运行控制组……………………………15

  2.5 维护抢修组……………………………16

  2.6 消防救援组……………………………17

  2.7 警戒疏散组……………………………18

  2.8 检测观察组……………………………19

  2.9 后勤保障组……………………………20

  2.10 事故调查组…………………………21

2.11 信息发布组 ·················· 22

3 重点岗位应急处置卡 ·················· 23

3.1 发电部主任应急处置卡 ·················· 23

3.2 维护部主任应急处置卡 ·················· 24

3.3 物资采购部主任应急处置卡 ·················· 25

3.4 综合部主任应急处置卡 ·················· 26

3.5 值长应急处置卡 ·················· 27

3.6 副值长应急处置卡 ·················· 29

3.7 集控主值应急处置卡 ·················· 31

3.8 集控副值应急处置卡 ·················· 32

3.9 集控巡操员应急处置卡 ·················· 33

3.10 辅控主值应急处置卡 ·················· 34

4 设备生产事件应急处置卡 ·················· 35

4.1 汽轮机轴瓦损坏应急处置卡 ·················· 35

4.2 汽轮机真空急剧下降应急处置卡 ·················· 38

4.3 汽轮机超速应急处置卡 ·················· 41

4.4 汽轮机水冲击应急处置卡 ·················· 43

4.5 汽轮机大轴弯曲应急处置卡 ·················· 45

4.6 水库泵站补水中断应急处置卡 ·················· 48

4.7 水淹凝汽器出入口蝶阀坑应急处置卡 ·················· 50

4.8 除氧器满水应急处置卡 ·················· 52

4.9 主机润滑油系统火灾应急处置卡 ·················· 54

4.10 汽轮机检修油箱火灾应急处置卡 ·················· 57

4.11 锅炉省煤器泄漏应急处置卡 ……………… 59

4.12 炉内承压部件泄漏应急处置卡 …………… 63

4.13 锅炉渣井结焦应急处置卡 ………………… 67

4.14 引风机失速应急处置卡 …………………… 69

4.15 尾部烟道再燃烧应急处置卡 ……………… 71

4.16 锅炉炉膛爆炸应急处置卡 ………………… 74

4.17 炉前燃油系统着火应急处置卡 …………… 77

4.18 油库着火应急处置卡 ……………………… 80

4.19 厂用电中断应急处置卡 …………………… 83

4.20 发电机氢气泄漏应急处置卡 ……………… 86

4.21 发电机氢气火灾、爆炸应急处置卡 ……… 89

4.22 主变压器冷却器全停应急处置卡 ………… 92

4.23 水库泵站失压应急处置卡 ………………… 94

4.24 主变压器、高压厂用变压器爆炸
应急处置卡 ………………………………… 96

4.25 高压启动备用变压器爆炸应急处置卡 …… 98

4.26 主变压器、高压厂用变压器火灾
应急处置卡 ……………………………… 100

4.27 高压启动备用变压器火灾应急处置卡 …… 103

4.28 IG-541 气体保护间火灾应急处置卡 …… 106

    4.28.1 1 号机汽轮机电子间火灾
应急处置卡 ………………… 106

    4.28.2 2 号机汽轮机电子间火灾
应急处置卡 ………………… 108

    4.28.3 1 号锅炉电子间火灾应急处置卡 …… 110

4.28.4　2号锅炉电子间火灾应急处置卡·····112

4.28.5　锅炉电子间电缆夹层火灾
　　　　应急处置卡····························114

4.28.6　汽轮机电子间电缆夹层火灾
　　　　应急处置卡····························116

4.28.7　1号机汽轮机380V PC间火灾
　　　　应急处置卡····························118

4.28.8　2号机汽轮机380V PC间火灾
　　　　应急处置卡····························120

4.28.9　1号机继电器保护间火灾
　　　　应急处置卡····························122

4.28.10　2号机继电器保护间火灾
　　　　　应急处置卡··························124

4.28.11　1号机10kV电缆夹层火灾
　　　　　应急处置卡··························126

4.28.12　2号机10kV电缆夹层火灾
　　　　　应急处置卡··························128

4.28.13　给水泵汽轮机电子间火灾
　　　　　应急处置卡··························130

4.29　分散控制系统故障应急处置卡·········132

4.30　堆取料机损坏应急处置卡···············135

4.31　活化给煤机损坏应急处置卡···········137

4.32　燃料系统粉尘爆炸应急处置卡·········139

4.33　燃料输煤皮带火灾应急处置卡·········142

4.34　圆形煤场火灾应急处置卡···············144

4.35 水淹冲洗水泵房应急处置卡 ……………… 147

4.36 水淹火车卸煤沟应急处置卡 ……………… 149

4.37 水淹汽车卸煤沟应急处置卡 ……………… 151

4.38 联氨系统泄漏应急处置卡 ………………… 153

4.39 盐酸罐泄漏应急处置卡 …………………… 155

4.40 硫酸系统泄漏应急处置卡 ………………… 157

4.41 氢氧化钠系统泄漏应急处置卡 …………… 159

4.42 氢库泄漏及火灾应急处置卡 ……………… 161

4.43 液氨库区泄漏应急处置卡 ………………… 164

4.44 液氨库区火灾应急处置卡 ………………… 168

4.45 液氨库区爆炸应急处置卡 ………………… 172

4.46 脱硫塔火灾应急处置卡 …………………… 175

4.47 事故浆液系统泄漏应急处置卡 …………… 179

4.48 水淹生活水、消防水泵房应急处置卡……… 181

4.49 信息机房火灾应急处置卡 ………………… 183

4.50 通信机房火灾应急处置卡 ………………… 186

4.51 电梯故障（人员被困）应急处置卡 ……… 189

4.52 火车煤沟堵塞事件应急处置卡 …………… 191

4.53 汽车煤沟堵塞事件应急处置卡 …………… 194

4.54 铁路沿线塌方应急处置卡 ………………… 196

4.55 燃料供应紧缺应急处置卡 ………………… 198

4.56 灰库料位高应急处置卡 …………………… 201

4.57 渣仓料位高应急处置卡 …………………… 203

4.58 石膏库料位高应急处置卡 ………………… 205

4.59 水漫灰坝应急处置卡 ……………………… 206

4.60 雨雪冰冻天气运输困难应急处置卡⋯⋯⋯⋯208

5 应急设备操作（使用）卡⋯⋯⋯⋯⋯⋯⋯⋯211

5.1 干粉灭火器操作卡⋯⋯⋯⋯⋯⋯211

5.2 二氧化碳灭火器操作卡⋯⋯⋯⋯⋯212

5.3 消火栓操作卡⋯⋯⋯⋯⋯⋯213

5.4 消防炮操作卡⋯⋯⋯⋯⋯⋯214

5.5 干粉推车式灭火器操作卡⋯⋯⋯⋯⋯215

5.6 雨淋阀组手动操作卡⋯⋯⋯⋯⋯216

5.7 混合气体灭火系统手动操作卡⋯⋯⋯⋯217

5.8 二氧化碳灭火系统手动操作卡⋯⋯⋯⋯218

5.9 泡沫灭火装置手动操作卡⋯⋯⋯⋯219

5.10 气溶胶灭火装置手动操作卡⋯⋯⋯⋯220

5.11 喷淋洗眼器使用卡⋯⋯⋯⋯⋯221

5.12 防化服穿着使用卡⋯⋯⋯⋯⋯222

5.13 正压式呼吸器使用卡⋯⋯⋯⋯⋯224

5.14 通风风机手动操作卡⋯⋯⋯⋯⋯226

5.15 防火卷帘手动操作卡⋯⋯⋯⋯⋯227

5.16 皮带拉线开关操作卡⋯⋯⋯⋯⋯228

5.17 事故按钮操作卡⋯⋯⋯⋯⋯229

6 场所区域消防设施及应急疏散图⋯⋯⋯⋯⋯230

6.1 厂区布局及疏散平面图（示例）⋯⋯⋯230

6.2 集控楼消防设施及疏散平面图（示例）⋯⋯231

6.3 维护楼消防设施及疏散平面图（示例）⋯⋯232

6.4　燃油库消防设施及疏散平面图（示例）……… 233

6.5　燃料综合楼消防设施及
　　　疏散平面图（示例）……………………………… 234

6.6　汽机房消防设施及疏散平面图（示例）……… 235

6.7　液氨库区消防设施及疏散平面图（示例）…… 236

6.8　氢库区消防设施及疏散平面图（示例）……… 237

7　人身伤害应急救护卡 ……………………………… 238

7.1　人员触电紧急救护 ………………………………… 238

7.2　挤压伤紧急救护 …………………………………… 238

7.3　CO 中毒紧急救护 ………………………………… 239

7.4　气体中毒、窒息紧急救护通则 ………………… 239

7.5　氨气中毒紧急救护 ………………………………… 240

7.6　酸碱化合物灼伤紧急救护 ……………………… 240

7.7　电灼伤、火焰烧伤及高温汽、
　　　水烫伤紧急救护 ………………………………… 240

7.8　人员窒息紧急救护 ………………………………… 241

7.9　烧伤程度判定 ……………………………………… 241

7.10　人员中暑紧急救护 ……………………………… 242

7.11　食物中毒紧急救护 ……………………………… 242

7.12　人员冻伤紧急救护 ……………………………… 243

7.13　人员救护常识 …………………………………… 243

　　　7.13.1　现场救护生命链 ……………………… 243

　　　7.13.2　心肺复苏 ……………………………… 244

　　　7.13.3　指压止血 ……………………………… 246

7.13.4 伤口包扎方法分类 …………… 247

7.13.5 止血带止血 ………………… 248

7.13.6 骨折固定方法 ………………… 249

7.13.7 快速转运伤员方法 …………… 251

8 应急处置程序卡 …………………………… 252

8.1 应急处置程序图 ……………………… 252

8.2 应急组织机构 ………………………… 253

8.3 应急决策判定卡 ……………………… 254

8.3.1 紧急程度判定 …………………… 254

8.3.2 严重程度判定 …………………… 254

8.3.3 预警分级判定 …………………… 254

8.3.4 预警信息格式（示例）………… 255

8.3.5 预警准备 ………………………… 255

8.3.6 预警解除 ………………………… 256

8.3.7 应急响应级别 …………………… 256

8.3.8 抢险救援令格式（示例）……… 257

8.3.9 应急疏散半径判定 ……………… 257

8.4 个人应急卡 …………………………… 259

8.5 火灾事故处理、疏散常识 …………… 261

8.5.1 火灾事故处理原则 ……………… 261

8.5.2 火灾报警内容 …………………… 261

8.5.3 灭火设备分类 …………………… 262

8.5.4 应急疏散设施分类 ……………… 262

8.5.5 个人应急疏散注意事项 ………… 263

8.5.6 应急疏散的组织 …………………… 264

8.6 交通事故应急常识 ………………………… 264

8.6.1 交通事故应急处置程序 ………… 264

8.6.2 交通事故现场自救常识 ………… 265

8.7 雷击应急常识 ……………………………… 266

8.8 地震应急常识 ……………………………… 266

9 应急资源卡 ………………………………… 268

9.1 应急装备设施 ……………………………… 268

9.2 应急专家库 ………………………………… 269

9.3 应急队伍（兼职） ………………………… 270

9.4 应急物资 …………………………………… 270

应急管理委员会及其成员应急处置卡

1.1 应急管理委员会主任

响应程序	处 置 措 施
预警	收到预警信息后，根据危害程度、影响范围，确定预警级别，批准发布预警信息
应急启动	按照危险程度、影响范围是否超出厂区范围，控制能力或危及人员数量等因素，确定突发事件应急响应级别
应急启动	根据突发事件类型、危害程度、影响范围，下达相应应急预案启动命令
应急救援	下令成立应急指挥部，任命应急指挥长，确定组成人员
应急救援	组织召开应急管理委员会工作会议，批准应急救援方案，指挥应急救援工作
应急救援	直接向值长、应急指挥长、副指挥长、各抢险组组长了解情况和下达命令
资源调配	根据应急救援需要，批准调用应急资源

响应程序	处置措施
扩大应急及应急联动	应急能力无法满足应急处置需求时,提请河南公司启动相应应急预案、区域联动预案,请求平顶山热电、平顶山热力及检修公司应急支援,协调区域内应急资源
	影响范围超出厂区范围,将事故及可能影响范围等情况向鲁山县应急中心和平顶山市应急中心报告,请求支援和协调
应急结束	组织评估,确认事态得到控制,危险消除,下令应急结束,恢复现场,恢复正常秩序
处置评估	组织应急处置评估,根据评估情况修编应急预案和应急制度

外出期间,由应急管理委员会副主任代为行使应急工作职责				
联系电话				
姓名	职务	办公电话	移动电话

1.2 应急管理委员会副主任

响应程序	处 置 措 施
预警	收到预警信息后，根据危害程度、影响范围，协助应急管理委员会主任确定预警级别，协助确定预警信息
应急启动	按照危险程度、影响范围是否超出厂区范围，控制能力或危及人员数量等因素，协助确定突发事件应急响应级别
	根据突发事件类型、危害程度、影响范围，协助下达相应应急预案启动命令
应急救援	协助应急管理委员会主任，负责主管业务方面应急救援工作的辅助决策
	接受应急管理委员会主任任命，担任应急指挥长，负责应急指挥部工作
资源调配	根据应急救援需要，协助应急资源调用
扩大应急及应急联动	应急能力无法满足应急处置需求时，协助提请河南公司启动应急预案和区域联动预案，请求平顶山热电、平顶山热力及检修公司应急支援，协调区域内应急资源
	影响范围超出厂区范围，协助将事故及可能影响范围等情况向鲁山县应急中心和平顶山市应急中心报告，请求支援和协调
应急结束	参与评估，确认事态得到控制，危险消除，下令应急结束，恢复现场，恢复正常秩序
处置评估	参与应急处置评估，确定应急处置奖惩，根据评估情况修编应急预案和应急制度
外出期间，由应急管理委员会主任代为行使应急工作职责	

续表

联系电话			
姓名	职务	办公电话	移动电话

1.3 应急管理委员会成员

响应程序	处置措施
预警	收到预警信息后，根据危害程度、影响范围，协助应急管理委员会主任确定预警级别和预警信息
应急启动	按照危险程度、影响范围是否超出厂区范围，控制能力或危及人员数量等因素，协助确定突发事件应急响应级别
	根据突发事件类型、危害程度、影响范围，协助下达相应应急预案启动命令
应急救援	负责主管业务方面应急救援工作的辅助决策
	受应急管理委员会主任任命，担任应急指挥长、副指挥长或抢险组组长，指挥现场应急救援工作
资源调配	根据应急救援需要，协助调用应急资源
扩大应急及应急联动	应急能力无法满足应急处置需求时，协助确定上报河南公司启动应急预案和区域联动预案，请求平顶山热电、平顶山热力及检修公司应急支援，协调区域内应急资源参加应急处置
	影响范围超出厂区范围，协助确定将事故及可能影响范围等情况向鲁山县应急中心和平顶山市应急中心报告，请求支援和协调
应急结束	参加评估，确认事态得到控制，危险消除，下令应急结束，恢复现场，恢复正常秩序
处置评估	参加应急处置评估，确定应急处置奖惩，根据评估情况修编应急预案和应急制度

联系电话			
姓名	职务	办公电话	移动电话

1.4 应急办主任

响应程序	处 置 措 施
预警	收到值长根据危害程度、影响范围所判定的预警级别、预警信息后报应急管理委员会主任批准,令值长正式发布预警信息
应急启动	根据突发事件类型、危害程度、影响范围,接应急委员会主任命令,发布相应应急预案启动命令
应急救援	按照应急管理委员会指令,发布响应升、降级命令
	负责与应急指挥部联系,实时汇报至应急管理委员会主任,并向应急指挥长下达应急管理委员会指令
	负责向上级安监、环保部门上报材料
	受应急管理委员会主任命,担任应急指挥长、副指挥长,负责应急指挥部工作,同时负责应急办工作
资源调配	根据应急救援需要,协助应急资源调用
扩大应急及应急联动	应急能力无法满足应急处置需求时,按照应急委员会主任命令,提请河南公司启动应急预案和区域联动预案,提请平顶山热电、平顶山热力及检修公司协助应急响应
	影响范围超出厂区范围,按照应急管理委员会主任命令,将事故及可能影响范围等情况向鲁山县应急中心和平顶山市应急中心报告,请求支援
应急结束	接应急管理委员会主任命令,发布应急结束命令、恢复现场,恢复正常秩序

续表

应急办主任			
姓名	职务	办公电话	移动电话
应急办副主任			
姓名	职务	办公电话	移动电话
应急办成员			

1.5 应急专家组

响应程序	处 置 措 施
应急救援	参加应急工作会议,提出技术方案
	加强与应急指挥部联系,了解现场技术方案执行情况
	受应急管理委员会主任任命,担任应急指挥长、副指挥长,负责应急指挥部工作和专家组工作
资源调配	根据应急救援需要,协助应急资源调用
扩大应急及应急联动	应急能力无法满足应急处置需求时,协助确定上报河南公司启动应急预案和区域联动预案,请求平顶山热电、平顶山热力及检修公司应急支援,协调区域内应急资源参加应急处置
	影响范围超出厂区范围,协助确定事故及可能影响范围,向鲁山县应急中心和平顶山市应急中心报告,请求支援和协调等情况
应急结束	参加评估,确认事态得到控制,危险消除;提出应急结束意见及恢复现场、恢复正常秩序意见
处置评估	参加应急处置评估,根据评估情况修编应急预案和应急制度

专家组组长			
姓名	职务	办公电话	移动电话

专家组成员			
姓名	专业	办公电话	移动电话

续表

专家组成员			
姓名	专业	办公电话	移动电话

2

应急指挥部及其成员应急处置卡

2.1 应急指挥长

响应程序	处置措施
应急启动	受应急管理委员会主任的委派,赶往应急指挥部,召集各专业小组组长
	组织判断事故发展趋势,根据危害程度、影响范围、控制能力或危及人员数量等因素,发布应急命令
应急救援	根据突发事件类型、危害程度、影响范围,组织制定现场控制措施和抢险方案
	指挥协调现场抢险工作,召开应急指挥部会议,下达应急命令
	实时了解事故处置信息,汇报应急管理委员会主任
	审核对外发布事件处置信息和上报材料
资源调配	协助协调各抢险组织工作,调配各种资源
扩大应急及应急联动	应急能力无法满足应急处置需求时,向应急管理委员会申请上报河南公司启动应急预案和区域联动预案,请求平顶山热电、平顶山热力及检修公司应急支援,协调区域内应急资源参加应急处置

响应程序	处置措施
扩大应急及应急联动	影响范围超出厂区范围，向应急管理委员会汇报事故及可能影响范围等情况，由应急办向鲁山县应急中心和平顶山市应急中心报告，请求支援和协调
应急结束	确认事态得到控制，危险消除，接应急办主任命令，下令恢复现场、恢复正常秩序
	召集应急指挥部成员参与应急处置评估

2.2　应急副指挥长

响应程序	处 置 措 施
应急启动	受应急管理委员会的委派，立即赶往应急指挥部
	协助指挥长研判事故发展趋势，根据危害程度、影响范围、控制能力或危及人员数量等因素，协助发布应急命令
应急救援	根据突发事件类型、危害程度、影响范围，协助组织制定控制措施和抢险方案
	协助指挥协调现场抢险工作，召开应急指挥部会议，下达应急命令
	实时了解事故处置信息，汇报应急管理委员会主任或应急办
	协助审核对外发布事件处置信息和上报材料
资源调配	协助协调各抢险组织工作，调配各种资源
扩大应急及应急联动	应急能力无法满足应急处置需求时，协助向应急管理委员会申请上报河南公司启动应急预案和区域联动预案，请求平顶山热电、平顶山热力及检修公司应急支援，协调区域内应急资源参加应急处置
	影响范围超出厂区范围，协助向应急管理委员会汇报事故及可能影响范围等情况，由应急办向鲁山县应急中心和平顶山市应急中心汇报，请求支援和协调
应急结束	确认事态得到控制，危险消除，接应急办主任命令，协助指挥长下令恢复现场、恢复正常秩序，参与应急处置评估

2.3 医疗救护组

响应程序	处 置 措 施
到位	接到应急指挥部命令,立即赶到应急指挥部,向应急指挥长报到,接受其指令
研判	查看伤情和人员状态,对受伤、中毒人员进行医疗救护
协调	组织调动、协调公司内、外部医疗救护资源
	调动、协调公司内、外部医疗专家
	负责受伤人员运送和救护
汇报	及时向应急指挥长汇报相关处理情况,接受其指令
应急结束	人员脱离危险,接应急指挥长应急结束命令,恢复现场和正常秩序,参与应急处置评估

2.4 运行控制组

响应程序	处 置 措 施
到位	组长接到应急指挥部命令，立即赶到应急指挥部，向应急指挥长报到，接受其指令
研判	收集现场信息，核实现场情况，制定现场运行控制措施和调度方案，迅速控制运行状态
处置	根据工作需要，控制设备运行状态，为抢修、抢险创造安全条件
	保证运行人员根据相关应急处置卡正确处置；若无应急处置卡，则按照运行规程规定处置，避免事故扩大
汇报	及时向应急指挥长汇报相关处理情况，接受其指令
应急结束	事故处理结束，险情消除或达到稳定状态，接应急指挥长应急结束命令，恢复现场，恢复正常秩序

2.5 维护抢修组

响应程序	处 置 措 施
到位	接到应急指挥部命令，立即赶到应急指挥部，向应急指挥长报到，接受其指令
研判	根据现场勘查，确认需抢修的设备和方案
处置	针对事故破坏情况，确定现场紧急修复作业方案
	组织调动、协调公司内、外应急协作的检修、工程施工单位进行现场抢险
	负责对损坏设备设施的修复、检验、恢复
汇报	及时向应急指挥长汇报相关处理情况，接受其指令
应急结束	事故处理结束，险情消除或达到稳定状态，接应急指挥长应急结束命令，恢复现场，恢复正常秩序

2.6 消防救援组

响应程序	处 置 措 施
到位	接到应急指挥部命令，立即赶到应急指挥部，向应急指挥长报到，接受其指令
研判	进行火场侦查，制定灭火措施和方案
处置	救助火场被困人员
	控制火情蔓延
	组织扑灭火灾
	组织现场破拆等工作
汇报	及时汇报现场抢险救援组相关处理情况，接受应急指挥长指令
应急结束	事故处理结束，险情消除或达到稳定状态，接应急指挥长应急结束命令，恢复现场，恢复正常秩序

2.7 警戒疏散组

响应程序	处置措施
到位	接到应急指挥部命令，立即赶到事发现场，向应急指挥长报到，接受其指令
研判	进行现场勘查，疏散无关人员，布置现场保卫和警戒工作
协调	对抢修现场进行保护
	配合联防协助单位，协同作战
	进行人员疏散及交通管制
汇报	及时向应急指挥长汇报相关处理情况，接受其指令
应急结束	事故处理结束，险情消除或达到稳定状态，接应急指挥长应急结束命令，恢复现场，恢复正常秩序

2.8 检测观察组

响应程序	处 置 措 施
到位	接到应急指挥部命令，组织人员携带检测仪器赶赴事发现场，向应急指挥长报到，接受其指令
研判	对现场进行勘查，对事故现场周边进行大气毒害物的监测
处置	对排水系统进行检查，进行水体污染监测
	对事故现场周围进行不间断的监测
汇报	将监测结果及时报应急指挥长，接受其指令
应急结束	事故处理结束，险情消除或达到稳定状态，接应急指挥部下令应急结束，停止检测，撤离现场

2.9 后勤保障组

响应程序	处 置 措 施
到位	接到应急指挥部命令，立即赶到应急指挥部，向应急指挥长报到，接受其指令
处置	保障运送抢险救援人员、物资器材所需的车辆
	保障抢险救援各方和对外联络畅通
	提供抢险设施、装备和器材
	组织协调应急物资的快速采购和运送渠道
	应急过程中的交通、食宿、后勤保障工作
	应急救援的资金保障，应急救援经费由财务预支
汇报	及时向应急指挥长汇报相关处理情况，接受其指令
应急结束	事故处理结束，险情消除或达到稳定状态，接应急指挥长应急结束命令，恢复现场，恢复正常秩序

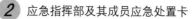

2.10　事故调查组

响应程序	处 置 措 施
到位	接到应急指挥部命令，立即赶到应急指挥部，向应急指挥长报到，接受其指令
处置	初步调查了解事故起因
	监督事故处置过程规范有序，各岗位人员处置规范
	现场实时记录（记录、录音、录像等）
	督促现场保护
应急结束及评估	事故处理结束，险情消除或达到稳定状态，接应急指挥长应急结束命令，撤离现场。参与应急处置评估
	组织内部事故调查
	协助外部事故调查

2.11 信息发布组

响应程序	处 置 措 施
到位	接到应急指挥部命令，立即赶到应急指挥部，向应急指挥长报到，接受其指令
处置	负责接待媒体及外来人员
	了解事故抢险情况，掌握各类信息，进行舆情判断，及时向应急指挥部汇报
	根据应急指挥部指令，对外发布应急处置信息
应急结束及评估	事故处理结束，险情消除或达到稳定状态，接应急指挥长应急结束命令，恢复正常秩序，参与应急处置评估

3

重点岗位应急处置卡

3.1 发电部主任应急处置卡

响应程序	处 置 措 施
预警	立即赶到事故现场，与先期到位人员沟通，了解事故情况，判断事态发展；向值长提出运行操作建议
	作为公司值班主值，成立临时指挥部，组织值班人员现场处置，防止事态扩大
	必须坚持救人为第一原则，组织人员的撤离、脱困和初期救治，直至医疗救护队就位
应急救援	接受应急指挥长指挥，担任运行控制组长
	组建运行控制组
	收集现场信息，核实现场情况，主持制定运行控制措施和调度方案，迅速控制运行状态
	控制设备运行状态，为抢修、抢险创造安全条件
	保证运行人员根据相关应急处置卡正确处置；若无应急处置卡，则按照运行规程规定处置，避免事故扩大
	及时向应急指挥长汇报相关处理情况，接受其指令
应急结束及评估	事故处理结束，险情消除或达到稳定状态，接应急指挥长应急结束命令，恢复现场正常秩序，参与应急处置评估

3.2 维护部主任应急处置卡

响应程序	处 置 措 施
预警	立即赶到事故现场，与先期到位人员沟通，了解事故情况，判断事态发展，向值长提出运行操作建议
	作为公司值班主值，成立临时指挥部，组织值班人员现场处置，防止事态扩大
	必须坚持救人第一原则，组织人员的撤离、脱困和初期救治，直至医疗救护队就位
应急救援	接受应急指挥长指挥，担任维护抢修组长
	组建维护抢修组
	收集现场信息，核实现场情况，主持制定维护控制措施
	控制设备运行状态，为抢修、抢险创造安全条件
	保证维护人员根据相关应急处置卡正确处置；若无应急处置卡，则按照维护规程规定处置，避免事故扩大
	及时向应急指挥长汇报相关处理情况，接受其指令
应急结束及评估	事故处理结束，险情消除或达到稳定状态，接应急指挥长应急结束命令，恢复现场，恢复正常秩序，参与应急处置评估

3.3 物资采购部主任应急处置卡

响应程序	处 置 措 施
预警	做好应急准备工作
应急救援	接受应急指挥长指挥，担任后勤保障组组长
	组建后勤保障组
	保障运送抢险救援人员、物资器材所需的车辆
	保障抢险救援各方对外联络畅通
	提供抢险设施、装备和器材
	组织协调应急物资的快速采购和运送渠道
	负责应急过程中的交通、食宿、后勤保障工作
	负责应急救援的资金保障，应急救援经费由财务预支
应急结束及评估	事故处理结束，险情消除或达到稳定状态，接应急指挥长应急结束命令，恢复现场，恢复正常秩序，参与应急处置评估

3.4 综合部主任应急处置卡

响应程序	处 置 措 施
预警	做好应急准备工作
应急救援	接受应急指挥长指挥，担任信息发布组组长
	组建信息发布组
	收集现场反馈的信息和向上级安监、环保部门报送的材料，进行舆情判断，形成对外信息发布材料，提交应急指挥长审核
	负责安排接待媒体及外来人员
	负责代表应急指挥部进行对外信息发布
应急结束及评估	事故处理结束，险情消除或达到稳定状态，接应急指挥长应急结束命令，恢复现场，恢复正常秩序，参与应急处置评估

3.5 值长应急处置卡

响应程序	处置措施
预警	收到异常情况汇报后，立即组织核实信息。组织运行人员采取措施，控制事态防止进一步扩大
	初步判定危害程度、影响范围是否超出厂区范围，控制事态的应急能力是否满足应急处置需要或危及人员数量等因素；向应急管理委员会主任或应急办主任汇报；接其指令，发布预警信息，指挥临时指挥部行动
	预警状态中，根据事态发展，对预警级别进行升级或降级。当危险状态得到控制时解除预警，恢复常态
	命令消防、保卫等专业队伍及维护、外协等单位人员，立即赶往现场，开展先期处置
	根据初步判断，汇报应急办主任或应急管理委员会主任，提出事故判断和措施建议，接受其指令
应急救援	执行应急办主任或应急管理委员会主任的应急命令
	对于来自应急指挥部的运行控制建议应综合分析，保证下达指令的正确性，并及时汇报应急办
	及时向上级调度汇报机组情况
	合理分工本值人员，加强与应急指挥部、应急委员会的联系，判断事态发展和对机组的影响
	事故得不到控制时，下达设备停运、人员疏散命令
资源调配	调动检修维护人员，进行先期处置
	调动消防队、保卫人员，进行先期处置

响应程序	处 置 措 施
扩大应急及应急联动	执行应急办主任或应急管理委员会主任的应急命令
	对来自应急指挥部的运行控制建议应综合分析，保证下达指令的正确性，并及时汇报应急办
应急结束	事故处理结束、险情消除或达到稳定状态，接应急指挥长应急结束命令，恢复现场，恢复正常秩序，参与应急处置评估
不在岗期间由副值长代行其职责	
值长台应急电话：	

3.6 副值长应急处置卡

响应程序	处 置 措 施
预警	收到异常情况汇报后，立即组织核实信息。组织运行人员采取措施，控制事态防止进一步扩大
	初步判断危害程度、影响范围是否超出厂区范围，控制事态的应急能力是否满足应急处置需要或危及人员数量等因素；协助值长向应急管理委员会主任或应急办主任汇报。接其指令，通过公司短信平台发布预警信息，协助指挥临时指挥部行动
	命令消防、保卫等专业队伍及维护、外协等单位人员，立即赶往现场开展先期处置
	协助值长向应急办主任和应急管理委员会主任汇报，提出事故判断和措施建议，接受其指令
应急救援	接受值长命令，并及时反馈执行情况
	对于来自应急指挥部的运行控制建议，应协助值长综合分析，保证下达指令的正确性
	协助值长及时向上级调度汇报机组情况
	协助值长与应急指挥部、应急委员会的联系，判断事态发展和对机组的影响
	事故得不到控制时，协助值长下达停产撤人命令
资源调配	调动检修维护人员、消防队和保卫人员，进行先期处置

续表

响应程序	处 置 措 施
扩大应急及应急联动	对于来自应急指挥部的运行控制建议，应协助值长综合分析，保证下达指令的正确性，并及时向应急办汇报
	事故处理结束、险情消除或达到稳定状态，接值长应急结束命令，恢复现场，恢复正常秩序
应急结束	组织恢复设备运行
不在岗期间由集控主值代行其职责	
值长台应急电话：	

3.7 集控主值应急处置卡

响应程序	处 置 措 施
预警	发现异常或接到值长命令后，立即核对信息
	采取可远方操作的技术措施，向值长汇报处置结果，控制事态恶化
	执行值长命令，监视参数发展，维持机组运行或紧急停机
	立即派巡检到就地检查、操作
应急救援	合理分工本机组人员，了解现场情况，向本机组副值、巡检下达指令
	监视参数变化，判断事态发展和对机组的影响，向值长提出操作建议
	正确执行并反馈值长指令
	达到设备紧急停运条件，应紧急停运，向值长汇报处置结果
资源调配	调动本机组人员
应急结束	接值长命令，应急结束，组织恢复设备运行
不在岗期间由集控副值代行其职责	

3.8 集控副值应急处置卡

响应程序	处 置 措 施
预警	发现异常后，立即核对信息，向主值汇报
	立即采取可远方操作的技术措施，向主值汇报处置结果，控制事态恶化
	执行主值或值长命令，监视参数发展，维持管辖范围内设备、系统的运行或紧急停运
应急救援	与巡检保持通信通畅，了解现场情况，向巡检下达操作指令
	向主值提出操作建议
	正确执行并反馈主值指令
	达到设备紧急停运条件，应紧急停运，向值长汇报处置结果
应急结束	接主值命令，应急结束，组织恢复设备运行

3.9 集控巡操员应急处置卡

响应程序	处 置 措 施
预警	发现异常后，立即向主值汇报
	采取可就地操作的技术措施，进行其他先期处置
	向主值汇报处置结果，执行主值或值长命令，进行其他先期处置，控制事态恶化
应急救援	保持通信通畅，向主值汇报，接受主值或副值指令
	保证操作及时性和准确性，及时向主值汇报
	判断事态发展和就地设备、系统的情况，向主值提出操作建议
	达到设备紧急停运条件，应就地紧急停运，向值长汇报处置结果
应急结束	接主值命令，应急结束，组织恢复设备运行

3.10 辅控主值应急处置卡

响应程序	处 置 措 施
预警	发现异常后，立即核对信息，汇报值长
	采取可远方操作的技术措施进行先期处置，向值长汇报处置结果，控制事态恶化
	监视参数发展，管辖设备、系统的运行或紧急停运
	立即派巡检到就地检查、操作
	执行值长命令，维持管辖范围内设备、系统的运行或紧急停运
应急救援	巡检到达现场前，提示安全用具、劳保用品的佩戴等保证人身安全的措施
	合理分工人员，了解现场情况，向本专业副值下达指令，对指令的正确性负责
	监视参数变化，判断事态发展和对机组的影响，向值长提出操作建议
	正确执行并反馈值长指令
	达到设备紧急停运条件，应紧急停运，向值长汇报处置结果
资源调配	调动本专业人员
	维持辅控系统运行，防止事故扩大
应急结束	接值长命令，应急结束，组织恢复设备运行
不在岗期间由辅控副值代行其职责	

设备生产事件应急处置卡

4.1　汽轮机轴瓦损坏应急处置卡

响应程序	情形（现象）	处置措施	责任人
发现	（1）轴承温度高报警（报警值：1 号～4 号轴瓦为115℃，5 号～10 号轴瓦为107℃）；（2）轴承回油温度显示升高（正常值：<79℃），机组振动增大（正常值：<75μm）	（1）确认轴承温度升高，分析原因；（2）报告值长	集控副值
先期处置	接到汇报后	（1）命令集控主值检查润滑油压，轴承润滑油供油温度、回油温度等，判断轴瓦情况；（2）命令维护人员现场检查	值长
	接到命令后	调节润滑油温（43℃左右）、油压至正常值（0.18MPa左右），检查各轴承油膜压力（3～5MPa）	集控主值

响应程序	情形（现象）	处置措施	责任人
先期处置	接到命令后	检查现场回油温度指示及润滑油压	集控巡操员
	轴瓦温度持续上升	申请网调、省调降负荷	值长
	轴瓦温度升高到保护动作值（121℃）	汽轮机应跳闸，否则破坏真空紧急停机	集控主值
汇报	轴瓦温度高停机	向网调、省调、上级公司调度室、市环保局及公司领导汇报，申请启动应急预案	值长
应急响应	停机过程中伴有轴向位移异常（≥+1.02mm 或≤-0.51mm）	停机后应由检修维护人员进行推力轴承解体检查	维护抢修组
	惰走时间明显缩短且伴有金属碰撞声或有异常声音	停机后汽轮机应揭缸检查	维护抢修组
	轴瓦损坏，连续盘车投不上	（1）闷缸，关闭所有汽轮机本体疏水，采取可靠的隔离措施，防止冷汽、冷水进入汽缸；（2）每 30min 手动盘车180°	运行控制组
	专家组到位后	查明异常原因，制订技术处理方案	专家组

响应 程序	情形（现象）	处置措施	责任人
应急 结束	机组具备启动条件	下令应急结束，各应急队伍恢复现场和正常的生产秩序	应急指挥部
注意事项 （1）轴瓦温度升高到保护动作值而保护未动作，应破坏真空紧急停机； （2）停机后，应综合各参数分析超速原因，评估设备状况； （3）停机过程中，应加强汽轮机各 TSI 参数监视，发现异常及时进行处理； （4）原因未查明、缺陷未消除时禁止启动机组				

37

4.2 汽轮机真空急剧下降应急处置卡

响应程序	情形（现象）	处置措施	责任人
发现	（1）凝汽器真空下降，低压缸排汽温度升高； （2）主蒸汽流量不正常增大	对照低压缸排汽温度进行确认，若真空确已下降，向值长汇报	集控主值
先期处置	真空降至−84.7kPa	检查备用真空泵，应自动启动；否则立即手动启动备用真空泵	集控主值
	有影响真空的操作	立即停止操作，恢复原状	
	循环水系统故障造成循环水量不足或中断	按操作规程"循环水系统故障和循环水中断"部分进行处理	
	真空泵运行不正常	（1）启动备用真空泵运行，停运故障泵，并关闭其入口气动门进行隔离； （2）通知检修抢修	集控副值
	汽泵密封水回水 U 型水封破坏	（1）应立即将汽泵密封水回水倒至地沟； （2）对汽泵密封水回水 U 型水封充分注水后，将密封水回水倒至凝汽器	集控巡操员
	热井水位过高（≥1200mm）	调整凝汽器热井水位至正常值（700mm 左右）	集控副值

续表

响应程序	情形（现象）	处置措施	责任人
先期处置	轴封系统压力低（≤11kPa）	立即检查轴封供汽调节站工作是否正常，并将汽轮机轴封压力调整至正常（27.5kPa左右）	集控副值
	真空系统的阀门误开或关不严	检查真空系统的阀门、管道、法兰有无泄漏，并进行处理	集控主值
	真空破坏门或旁路误开	关闭真空破坏门并重新注水	集控巡操员
	轴封加热器疏水管水封破坏	立即对轴封加热器疏水回水U型水封道进行注水	集控巡操员
汇报	凝汽器真空持续下降	向发电部、维护部、HSE部、生技部主任及公司领导汇报，申请启动应急预案	值长
应急响应	凝汽器背压升至15kPa	减负荷（减负荷速率视真空下降的速度决定，维持凝汽器背压在16.6kPa以下）	集控主值
		立即组织查找原因，遏制真空进一步下降	运行控制组
		如机组已减负荷至零，真空仍无法恢复，背压继续上升至23.7kPa，申请故障停机	值长
	凝汽器背压升至25.1kPa	（1）机组低真空保护应动作，否则立即手动停机；（2）立即切除高、低压旁路，关闭所有进入凝汽器的疏水门	运行控制组

续表

响应程序	情形（现象）	处置措施	责任人
应急响应	凝汽器背压升至25.1kPa	停机后向网调、省调、上级公司调度室、市环保局及公司领导汇报，申请启动应急预案	值长
	专家组到位	查明异常原因，制订技术处理方案并进行消缺，原因未查明、缺陷未消除时禁止启机	专家组
应急结束	真空下降原因已经找到并处理完成，机组具备启动条件	下令应急结束，应急队伍恢复现场和正常的生产秩序	应急指挥部

注意事项

（1）发现汽轮机真空下降时，立即人为干预，调节凝汽器真空至正常；

（2）当汽轮机真空低至跳机值时，保护未动作，应按不破坏真空紧急故障停机处理；

（3）注意防止低真空保护拒动造成低压缸排汽安全膜冲破

4.3 汽轮机超速应急处置卡

响应程序	情形（现象）	处置措施	责任人
发现	汽轮机转速上升，主油泵出口油压升高（1号机油压≥1.25MPa，2号机油压≥1.50MPa），机组声音突变	（1）立即撤离到安全区，不得在机组两侧停留； （2）汇报值长。	就地人员
	机组负荷突然甩到零，转速升高	（1）监视转速变化； （2）报告值长	集控主值
先期处置	转速超过3300r/min，机组振动增大，轴承金属温度升高	（1）汽轮机超速保护未动作，立即破坏真空紧急停机，确认机组转速下降，否则立即停运 EH 油泵； （2）确认锅炉 MFT 动作正常、发电机跳闸，否则手动打闸； （3）确认高中压主汽门、调门，各段抽汽逆止门、电动门关闭，高压排汽逆止门关闭，高压排汽通风阀开启； （4）开启锅炉 PCV 阀，低压旁路阀对主、再热蒸汽进行泄压； （5）检查厂用电切换正常	集控主值
汇报	汽轮机超速停机	汇报网调、省调、上级公司调度室、市环保局及公司领导，申请启动应急预案	值长

续表

响应程序	情形（现象）	处置措施	责任人
应急响应	停机过程中伴有轴向位移异常（≥＋1.02 mm 或≤－0.51mm）	停机后进行推力轴承解体检查	维护抢修组
	惰走时间明显缩短且伴有金属碰撞声或有异常声音	停机后汽轮机应揭缸检查	
	专家组到位后	应查明异常原因，制订技术处理方案并进行消缺。原因未查明、缺陷未消除时禁止启动机组	专家组
应急结束	机组具备启动条件	下令应急结束，各应急队伍恢复现场和正常的生产秩序	应急指挥部

注意事项
（1）汽轮机转速超过 3300r/min 而超速保护未动作，应破坏真空紧急停机；
（2）停机后，应综合各参数分析超速原因和评估设备状况；
（3）原因未查明、缺陷未消除时，禁止启动机组

4.4　汽轮机水冲击应急处置卡

响应 程序	情形（现象）	处置措施	责任人
发现	主再热管道振动，汽门阀杆、汽轮机轴封冒白汽，机组声音异常、振动增大	（1）立即撤离到安全地带，在保证自身安全前提下，撤离无关人员 （2）向值长汇报	就地人员
发现	主再热蒸汽温度急剧下降，过热度减小，汽轮机上下缸温差增加，机组轴振、瓦振急剧增大	立即向值长汇报	集控主值
先期处置	机组跳闸	如保护未动作，则立即破坏真空紧急停机	集控主值
先期处置	停机后	切断有关汽、水源；加强主、再热汽管道，本体抽汽管道，轴封汽母管等有关系统的疏水	集控主值
汇报	汽机发生水冲击	向网调、省调、上级公司调度室、市环保局及公司领导汇报，申请启动应急预案	值长
应急响应	停机过程中伴有轴向位移异常（≥＋1.02mm 或≤－0.51mm）	停机后应由检修维护人员进行推力轴承解体检查	维护抢修组

续表

响应程序	情形（现象）	处置措施	责任人
应急响应	惰走时间明显缩短（不破坏真空停机惰走时间在65min左右，破坏真空停机惰走时间在32min左右）且伴有金属碰撞声或异常声音	停机后汽轮机应揭缸检查	维护抢修组
	汽缸变形严重，转子卡住，连续盘车投不上	（1）闷缸，关闭所有汽轮机本体疏水，采取可靠的隔离措施，防止冷汽、冷水进入汽缸；（2）每30min手动盘车180°	运行控制组
	专家组到位后	应查明异常原因，制订技术处理方案并进行消缺；原因未查明、缺陷未消除时禁止启动机组	专家组
应急结束	机组具备启动条件	下令应急结束，各应急队伍恢复现场和正常的生产秩序	应急指挥部

注意事项
（1）汽轮机发生水冲击，应破坏真空紧急停机；
（2）停机后，综合各参数分析超速原因和评估设备状况；
（3）停机过程中，应加强汽机各 TSI 参数监视，发现异常，及时进行处理

4.5 汽轮机大轴弯曲应急处置卡

响应程序	情形（现象）	处置措施	责任人
发现	（1）汽轮机转子偏心超限（≥110%原始值，1号机原始值23μm左右，2号机原始值为33μm左右）； （2）冲转时振动突升； （3）惰走时间明显缩短（不破坏真空停机惰走时间在65min左右，破坏真空停机惰走时间在32min左右）。 （4）汽轮机发生水冲击	（1）连续盘车4h，汽轮机转子偏心不能恢复正常值； （2）确认大轴弯曲，报告值长	集控主值
先期处置	接到汇报后	（1）确认发生大轴弯曲，立即破坏真空紧急停机； （2）闷缸	集控主值
汇报	大轴弯曲	向网调、省调、上级公司调度室、市环保局、公司领导及发电部、维护部、HSE部、生技部主任汇报	值长
应急响应	机组启动过程中发生大轴弯曲	（1）启动过程中确认大轴发生弯曲，应立即打闸破坏真空紧急停机，检查轴封温	运行控制组

响应程序	情形（现象）	处置措施	责任人
应急响应	机组启动过程中发生大轴弯曲	度是否与缸温匹配（轴封蒸汽与汽轮机转子金属间所允许的温度差为－111℃到＋167℃），不匹配需进行调整； （2）检查轴封疏水系统疏水是否正常； （3）检查除氧器、高压加热器水位、低压加热器水位是否正常（除氧器正常水位在 1900～2300mm，高、低压加热器正常水位为0mm），各抽汽系统疏水是否正常； （4）确认冲转参数与缸温是否匹配（主、再热蒸汽温度至少有 50℃以上过热度，且温度分别比高中压缸内壁最高金属温度高 50℃，但不超过额定蒸汽温度）	运行控制组
	运行中汽缸进水	（1）检查主、再热汽温是否正常； （2）检查除氧器、高压加热器水位、低压加热器水位是否正常，如不正常，调整至正常	运行控制组
	机组停运后发生大轴弯曲	检查凝汽器、除氧器、高压加热器水位、低压加热器水位和再热冷段疏水罐水	运行控制组

续表

响应程序	情形（现象）	处置措施	责任人
应急响应	机组停运后发生大轴弯曲	位是否正常，轴封减温水门是否关闭正常，如有异常，及时进行调整，防止水、冷汽进入汽缸	运行控制组
	盘车电流异常偏大	闷缸处理，监视上下缸温差、转子偏心度，未查明大轴弯曲原因或未消除时，不得再次启动	运行控制组
	盘车装置未能投入	盘车投入前应先盘动转子180°，等待盘车停用时间的1/3时间后，经增架的百分表测量大轴晃动度明显下降且不超过原始值（0.02mm），再投入连续盘车，监视大轴偏心不超过原始值的110%	运行控制组
应急结束	大轴弯曲已处理好	下令应急结束，各应急队伍恢复现场和正常的生产秩序	应急指挥部

注意事项
（1）确认大轴弯曲，立即打闸破坏真空紧急停机；
（2）大轴弯曲原因未查明或未消除时不得再次启动

4.6 水库泵站补水中断应急处置卡

响应程序	情形（现象）	处置措施	责任人
发现	冷却塔水位下降	立即向值长汇报	集控主值
	水库补水泵全停	查找补水泵全停的原因，向值长汇报	水库泵站值班员
先期处置	接到汇报后	（1）命令水库值班员查找水库泵站补水泵全停的原因；（2）命令中水值班员启动中水泵；（3）命令化学主值全开中水至机械加速澄清池补水门；（4）命令各辅控主值停用一切非生产用水	值长
汇报	水库泵站补水泵全停	向发电部、维护部、HSE部、生技部主任及公司领导汇报，申请启动应急预案	值长
应急响应	水库泵站失压导致补水泵全停	（1）立即组织查明失压原因，询问当地县调、地调保护动作情况，并督促维护、当地电业局实业公司就地紧急巡线，维护人员处理缺陷；（2）通知中水泵站值班员增启中水泵；（3）安排水泵泵站值班员	值长

响应程序	情形（现象）	处置措施	责任人
应急响应	水库泵站失压导致补水泵全停	尽快恢复水库泵站供电，启动补水泵运行	值长
	水库泵站补水泵短时间能恢复	根据2台机组冷却塔水位情况申请网调减负荷	值长
	水库泵站补水泵短时间不能恢复	（1）根据冷却塔水位情况降低机组负荷，水位不能维持时紧急停运1台机组，另1台机组负荷降至冷却塔水位能稳定到1.3m以上为止； （2）紧急停运机组按循环水中断紧急操作程序操作，保证机组安全停运； （3）加强监视机组循环水系统和空气压缩机冷却水系统运行是否正常； （4）联系南水北调指挥部，接通南水北调补水管线	值长
应急结束	补水泵恢复运行	下令应急结束，各应急队伍恢复现场和正常的生产秩序	应急指挥部

注意事项
（1）水库泵站全停时，通知中水泵站值班员启动中水泵；
（2）根据两台机组冷却塔水位情况和泵站缺陷处理情况，申请调度降低机组负荷；
（3）冷却塔水位持续下降时，加强监视循环泵、空气压缩机冷却水系统运行情况，循环泵无法正常运行时，将机组紧急停运；
（4）严密监视真空系统

4.7 水淹凝汽器出入口蝶阀坑应急处置卡

响应程序	情形（现象）	处置措施	责任人
发现	凝汽器出入口蝶阀坑水位持续上升	（1）本人撤到安全地带，在保证自身安全前提下，撤离无关人员； （2）查找确认泄漏点； （3）将凝汽器出入口蝶阀坑泄漏、进水情况向值长汇报	就地人员
先期处置	接到汇报后	（1）安排巡操人员现场检查，隔离泄漏点； （2）通知维护人员架设临时潜水泵	值长
	接到命令	（1）如排污泵未被淹，应立即启动2台排污泵；如2台排污泵、2台胶球泵、循环水出入口电动蝶阀被淹，应立即将设备停电。 （2）查看泄漏地点、泄漏量、水位情况。 （3）现场加关，隔离漏点。 （4）实时向值长汇报现场检查情况	集控巡操员
汇报	水淹凝汽器出入口蝶阀坑	向发电部、维护部、HSE部、生技部主任及公司领导汇报，申请启动应急预案	值长
应急响应	积水持续上升	架设临时潜水泵，进行抽水	维护抢修组

50

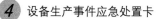

续表

响应程序	情形（现象）	处置措施	责任人
应急响应	积水持续上升	维持机组运行，做好蝶阀突然关闭后循环水中断的事故预想	运行控制组
		搜救受困人员	消防救援组
		进行区域警戒，疏散周围区域无关人员	警戒疏散组
		蝶阀关闭导致循环水中断时，立即停机	运行控制组
	积水上升无法控制	立即停机，停运循环水泵	运行控制组
		停机后向网调、省调、上级公司调度室、市环保局及公司领导汇报，申请启动应急预案	值长
应急结束	漏点消除，凝汽器出入口蝶阀坑水位正常	下令应急结束，各应急队伍恢复现场和正常的生产秩序，水淹设备待绝缘合格后方可恢复送电运行	应急指挥部

注意事项
（1）应急处置时，注意防止人员溺水、触电；
（2）危险区设好警戒线，并挂好标示牌，无关人员禁止入内；
（3）潜水泵接线应接在专用检修箱，并使用防爆插头，电源线架空，不得有裸露部分，防止人员触电；
（4）夜间抢险时，注意人员相互监护，保证足够照明

4.8 除氧器满水应急处置卡

响应程序	情形（现象）	处置措施	责任人
发现	就地水位计显示水位升高	向值长汇报	就地人员
	DCS 上显示除氧器水位升高	确认除氧器水位升高，将除氧器水位升高的情况向值长汇报	集控副值
先期处置	确认是机组负荷突降引起的	立即稳定机组负荷	集控主值
	确认是四抽逆止门突然关闭引起的	立即打开四抽逆止门	
	水位高至 2300mm	迅速关小上水调门，控制水位上涨趋势，如果调整不正常，切手动进行调节，适当降低凝结水母管压力	
	上水调门卡涩	立即通知维护抢修	
	水位高至 2400mm	（1）确认联锁开启除氧器溢流放水，否则立即手动开启； （2）将给水泵汽轮机汽源切为辅汽供汽	
汇报	水位继续上升	向发电部、维护部、HSE部、生技部主任及公司领导汇报，申请启动应急预案	值长

续表

响应 程序	情形（现象）	处置措施	责任人
应急 响应	水位高达 2600mm	（1）确认联锁关闭四抽电动隔离阀和逆止阀，否则手动关闭； （2）开启四抽至除氧器管道疏水阀	运行 控制组
	给水温度急剧下降	控制机组负荷，注意锅炉受热面壁温不超	运行 控制组
应急 结束	除氧器水位正常，恢复正常运行方式	下令应急结束，各应急队伍恢复现场和正常的生产秩序	应急指 挥部
注意事项 （1）做好防止汽轮机进水的相应措施； （2）除氧器水位高二值时，将给水泵汽轮机汽源切为辅汽供汽，防止除氧器水位继续上升到高三值时，联锁关闭四抽逆止门，造成给水泵汽轮机汽源中断			

53

4.9 主机润滑油系统火灾应急处置卡

响应 程序	情形（现象）	处置措施	责任人
发现	（1）润滑油系统有明火，且有大量烟雾； （2）主油箱油位下降、回油温度升高	（1）在保证自身安全前提下，检查火灾发生区域有无人员受伤，撤离无关人员，扑灭初期火灾； （2）汇报值长。将着火情况向值长汇报，同时报公司消防队	就地人员集控主值
先期处置	确认润滑油系统着火	（1）命令消防队赶往现场进行灭火； （2）命令保安队进行警戒疏散； （3）向网调、省调汇报，申请减负荷； （4）向发电部、维护部、HSE部、生技部主任汇报	值长
	处理泄漏点	（1）佩戴正压式呼吸器进行系统隔离； （2）实时向值长汇报现场火灾发展情况	集控巡操员
		加强盘上油压、油位、各轴瓦温度监视，根据油位变化减负荷	集控主值
汇报	漏点无法隔离，火灾得不到控制	向网调、省调、上级公司调度室、市环保局及公司领	值长

续表

响应程序	情形（现象）	处置措施	责任人
汇报	漏点无法隔离，火灾得不到控制	导汇报，申请启动应急预案	值长
应急响应	应急救援队伍到场	对着火区域进行灭火，搜救被困人员	消防救援组
		着火区域进行警戒疏散	警戒疏散组
	火势不能扑灭且危及机组安全运行时	立即破坏真空紧急停机	运行控制组
	火势蔓延威胁主油箱	（1）破坏真空紧急停机，同时迅速开启主油箱事故放油，控制放油速度：转子未静止之前，应维持主油箱的最低油位以保证轴承润滑；（2）就地启动雨淋阀灭火系统	运行控制组
	火势危及发电机安全	进行发电机排氢工作，氢压降至 0.02MPa，转速降至 1200r/min 以下时，立即向发电机充二氧化碳进行气体置换	
	着火无法控制	（1）向当地县应急中心、市应急中心、119 指挥中心等请求支援。报警内容：单位名称、地址、着火物质、火势大小、着火范围、人员伤亡情况。	应急办

响应程序	情形（现象）	处置措施	责任人
应急响应	着火无法控制	同时将自己的电话号码和姓名告诉对方。 （2）上级应急预案启动，应听从其指挥；专业队伍到厂后应全力配合	应急办
应急结束	现场无火灾隐患，具备机组启动条件	下令应急结束，各应急队伍恢复现场和正常的生产秩序	应急指挥部

注意事项
（1）应急处置时注意防止中毒、窒息、烧伤、触电；
（2）防止氢气爆炸，断油烧瓦；
（3）正确使用正压式呼吸器、隔热服、隔热手套、绝缘靴等防护用具；
（4）当火势不能很快扑灭且危及机组安全运行时，应破坏真空紧急停机

4.10 汽轮机检修油箱火灾应急处置卡

响应程序	情形（现象）	处置措施	责任人
发现	检修油箱处有火焰或有浓烟	（1）在保证自身安全前提下，检查火灾发生区域有无人员受伤，撤离无关人员，扑灭初期火灾； （2）向值长汇报，同时向消防队汇报	就地人员
	检修油箱火灾监测装置报警	向值长汇报	集控主值
先期处置	接到汇报后	（1）命令集控巡操员现场检查，隔离与检修油箱相连接的管道设备； （2）命令消防队赶往现场； （3）命令维护人员赶往现场，做好相关设备的防护	值长
	接到命令	使用灭火器扑救初期火灾	集控巡操员
汇报	初期火灾无法扑灭时	向发电部、维护部、HSE部、生技部主任及公司领导汇报，申请启动应急预案	值长
应急响应	火势较大（本体着火）	（1）开启检修油箱放油门，将油排至事故油坑； （2）启动消防雨淋阀装置，启动电动消防泵	运行控制组

响应 程序	情形（现象）	处置措施	责任人
应急 响应	火势较大（本体着火）	灭火和搜救被困人员	消防 救援组
		警戒、疏散人员	警戒 疏散组
	火势无法控制	（1）立即向 119 指挥中心、当地县应急中心、市应急中心等请求支援。 　报警内容：单位名称、地址、着火情况、人员受困及伤亡情况。同时将自己的电话号码和姓名告诉对方。 （2）上级应急预案启动，应听从其指挥；专业队伍到厂后应全力配合	应急办
应急 结束	火灾隐患消除，可燃物清理干净	下令应急结束，各应急队伍恢复现场和正常的生产秩序	应急 指挥部

注意事项
（1）进入火场必须穿防火隔热服，防止中毒、烧伤和高处坠落； （2）检修油箱着火应做好防护隔离措施，防止危及主变压器和主厂房。

4.11 锅炉省煤器泄漏应急处置卡

响应 程序	情形（现象）	处置措施	责任人
发现	有呲气声，省煤器处有漏水、漏汽现象	（1）初步判断泄漏方位； （2）本人撤到安全地带，在保证自身安全前提下，撤离无关人员； （3）向值长汇报	就地人员
	DCS 四管泄漏光字牌报警，两侧烟温偏差大（≥30℃）	（1）检查 DCS 参数，核对泄漏情况； （2）命令集控巡操员到电子间确认四管泄漏报警，就地检查泄漏部位及泄漏情况； （3）向值长汇报	集控主值
先期处置	接到命令	（1）对泄漏部位进行检查； （2）向值长汇报检查情况	集控巡操员
	初步确认泄漏	（1）综合判断、核实泄漏情况； （2）组织各专业人员判断分析； （3）向发电部、维护部、生技部主任及公司领导汇报	值长
	确认泄漏	（1）向网调、省调、上级公司调度室、市环保局汇报，申请停炉； （2）根据泄漏情况选择停机方式，命令停炉	值长

续表

响应程序	情形（现象）	处置措施	责任人
先期处置	省煤器下部灰斗有湿灰	（1）关闭泄漏部位下方的省煤器灰斗手动插板门，拆除对应灰斗下部金属软管，打开省煤器灰斗手动插板门，紧急进行排湿灰工作； （2）在泄漏区域设置安全围栏； （3）排查输灰系统，防止系统大量积水、灰管堵塞	维护人员
汇报	机组停运	向发电部、维护部、HSE部、牛技部主任及公司领导汇报，申请启动应急预案	值长
应急响应	停炉后	根据泄漏情况，选择合适的冷却方式	值长
		（1）停炉后保持脱硝反应器声波吹灰连续运行； （2）停运电袋喷吹，锅炉带压放水且烟道内湿蒸汽排净后电袋投入连续喷吹	运行控制组
		根据初步判断结果，落实备品备件	维护抢修组
	温度降至45℃以下时	对省煤器进行内部检查，确认漏点位置，初步分析泄漏原因，制订抢修方案	公司防磨防爆检查小组

续表

响应程序	情形（现象）	处置措施	责任人
应急响应	检查不到漏点位置或难以确认时	锅炉上水查漏	运行控制组
	确认漏点位置	修复受热面泄漏点	维护抢修组
		对尾部烟道防磨防爆进行扩大性检查	防磨防爆检查小组
		（1）对省煤器灰斗进行检查，消除积灰、漏水缺陷；（2）对脱硝催化剂全部检查，检查是否存在潮湿、损坏及变形缺陷；（3）对 A、B 空气预热器内部进行检查，检查蓄热件堵塞及漏光情况；（4）对除尘器布袋进行检查，检查是否存在损坏、潮湿及变形缺陷；（5）对省煤器灰斗输灰管路进行全面的检查，进行疏通、消缺处理	维护抢修组
	验收	联合验收合格，进行水压试验	值长
应急结束	漏点消除，机组具备启动条件	下令应急结束，恢复现场和正常的生产秩序	应急指挥部

响应 程序	情形（现象）	处置措施	责任人
注意事项 （1）确认省煤器泄漏方位，现场设置安全警标牌及临时安全围栏等预防措施； （2）应做好个人防护，避免被烫伤； （3）应做好密闭空间安全管理			

4.12　炉内承压部件泄漏应急处置卡

响应程序	情形（现象）	处置措施	责任人
发现	有呲气声，系统不严密处有漏水、漏汽现象	（1）初步判断泄漏方位； （2）本人撤到安全地带，在保证自身安全前提下，疏散无关人员； （3）向值长汇报	就地人员
发现	DCS 四管泄漏光字牌报警、炉膛负压波动甚至燃烧不稳	（1）检查 DCS 参数，核对泄漏情况； （2）命令集控巡操员到电子间确认四管泄漏报警，同时就地检查泄漏部位及泄漏情况，注意保持安全距离； （3）燃烧不稳时及时调整燃烧，投油助燃； （4）向值长汇报	集控主值
先期处置	接到命令	（1）对现场泄漏部位进行全面检查； （2）及时向值长汇报现场检查情况	集控巡操员
先期处置	初步确认泄漏	（1）综合判断、核实泄漏情况； （2）组织各专业人员判断分析； （3）向发电部、维护部、生技部主任及公司领导汇报	值长

63

续表

响应程序	情形（现象）	处置措施	责任人
先期处置	确认泄漏	向网调、省调、上级公司调度室、市环保局汇报	值长
	炉顶大包处泄漏，泄漏不严重，能维持运行	适当降低负荷和主汽压力，申请停炉	值长
	炉内管道泄漏	立即停炉	集控主值
	省煤器下部灰斗有湿灰	（1）关闭泄漏部位下方的省煤器灰斗手动插板门，拆除对应灰斗下部金属软管，打开省煤器灰斗手动插板门，紧急进行排湿灰工作；（2）在泄漏区域设置安全围栏；（3）排查输灰系统，防止系统大量积水、灰管堵塞	维护抢修组
汇报	机组停运	向发电部、维护部、HSE部、生技部主任及公司领导汇报，申请启动应急预案	值长
应急响应	停炉后	根据泄漏情况，选择合适的冷却方式	值长
		（1）停炉后保持脱硝反应器声波吹灰连续运行；（2）停运电袋喷吹，锅炉	运行控制组

续表

响应程序	情形（现象）	处置措施	责任人
应急响应	停炉后	带压放水且烟道内湿蒸汽排净后电袋投入连续喷吹	运行控制组
		根据初步判断结果，落实备品备件	维护抢修组
	泄漏部位温度降至45℃以下时	进入内部检查，确认漏点位置，初步分析泄漏原因，制定抢修方案	防磨防爆检查小组
	检查不到漏点位置或难以确认时	锅炉上水查漏	运行控制组
	确认泄漏部位	对受热面泄漏点进行抢修	维护抢修组
		对尾部烟道防磨防爆进行扩大性检查	防磨防爆检查小组
		（1）对省煤器灰斗进行检查，消除积灰、漏水缺陷；（2）对脱硝催化剂全部检查，确认是否存在潮湿、损坏及变形缺陷；（3）对A、B空气预热器内部进行检查，检查蓄热件堵塞及漏光情况；（4）对除尘器布袋进行检查，确认是否存在损坏、潮湿及变形缺陷；（5）全面检查省煤器灰斗输灰管路，进行疏通、消缺处理	维护抢修组

响应程序	情形（现象）	处置措施	责任人
应急响应	验收	联合验收合格，进行水压试验	值长
应急结束	漏点消除，机组具备启动条件	下令应急结束，恢复现场和正常的生产秩序	应急指挥部

注意事项
（1）应急处置时注意防止烫伤；
（2）根据泄漏部位及泄漏情况采取相应控制措施，考虑泄漏对脱硝催化剂和省煤器灰斗运行的影响，防止事故扩大；
（3）危险区设警戒线、挂标识牌，疏散泄漏点附近无关人员；
（4）应急处置结束后全面检查，确认现场无隐患

4.13 锅炉渣井结焦应急处置卡

响应程序	情形（现象）	处置措施	责任人
发现	干除渣系统渣量较大（溢出耳板），渣井落渣异常	向主值汇报	集控巡操员
	（1）DCS 显示渣温异常，渣井摄像头显示落渣异常；（2）掉大焦时炉膛负压大幅波动	向值长汇报	集控主值
先期处置	接到汇报	（1）命令集控巡操员确认渣井结焦及钢带运行情况；（2）盘上人员加强监视，根据燃烧情况及时投油助燃	集控主值
	渣井轻微棚渣	（1）反复活动渣井挤压头；（2）申请降低机组负荷	集控主值
汇报	锅炉渣井结焦严重	向发电部、维护部、HSE部、生技部主任及公司领导汇报，申请启动应急预案	值长
应急响应	接到应急响应命令	稳定机组负荷、炉膛负压	运行控制组
		对干除渣区域进行警戒疏散	警戒疏散组
		组织抢修人员捅渣	维护抢修组

响应程序	情形（现象）	处置措施	责任人
应急响应	锅炉渣井结焦严重，无法消除	向网调、省调、上级公司调度室、市环保局汇报，申请停炉处理	值长
应急结束	锅炉渣井结焦消除且干除渣系统恢复正常运行	下令应急结束，各应急队伍恢复现场和正常的生产秩序	应急指挥部

注意事项
（1）应急处置时注意防止烫伤、烧伤、机械伤害、高处坠落；
（2）正确佩戴使用防尘口罩、隔热服、隔热手套、安全带等安全防护用具；
（3）应急救援结束后全面检查，确认现场无火灾隐患

4.14 引风机失速应急处置卡

响应程序	情形（现象）	处置措施	责任人
发现	失速引风机电流大幅下降，另一台引风机电流突升；失速报警发出、喘振压力信号突升变正（≥500Pa）	向值长汇报	集控主值
先期处置	炉膛负压波动大（200Pa 以上）	立即关小失速引风机动叶，快速降低机组负荷，快速降低煤量、风量，维持炉膛负压	集控主值
	燃烧不稳	立即投入油枪助燃	集控副值
	另一台引风机电流大	立即将另一台引风机切至手动，调整电流不超 600A，负压不正常时继续减少煤量、风量	集控主值
	负荷及引风机出力稳定	（1）就地检查核对两台引风机振动及进出口挡板情况；（2）检查烟道受损情况	集控巡操员
	确认无其他异常	（1）分析判断风机失速原因；（2）重新将失速风机并列	集控主值
	无法并入系统	将失速引风机停运，继续排查原因	

响应程序	情形（现象）	处置措施	责任人
汇报	风机无法并入系统而停运	（1）向发电部、维护部、生技部主任、公司总工、生产副总经理汇报，申请启动应急预案； （2）命令维护人员内部检查	值长
应急响应	风机停运后	做好风机抢修的安全隔离措施，维持机组运行	运行控制组
		进行风机内部检查	维护抢修组
		分析失速原因，制订技术方案	应急指挥部
	风机内部温度下降后	按照技术方案进行风机抢修工作	维护抢修组
应急结束	缺陷消除，风机成功并入系统	下令应急结束，各应急队伍恢复现场和正常的生产秩序	应急指挥部
注意事项 （1）风机失速后，及时将失速风机动叶快速关回，直到失速信号消失； （2）风机失速后，防止另一台风机过负荷； （3）工况变化较大，注意燃烧情况，及时投油助燃； （4）10min 内无法将风机并入系统，立即停运风机抢修			

4.15 尾部烟道再燃烧应急处置卡

响应 程序	情形（现象）	处置措施	责任人
发现	不严密处冒烟，局部保温变色、温度异常升高（超过 100℃）	（1）本人撤到安全地带，在保证自身安全前提下，撤离无关人员； （2）向值长汇报	就地人员
	尾部烟道烟温升高（大于正常值 50℃以上）、氧量减小、局部烟道负压波动	向值长汇报	集控主值
	空气预热器再燃烧时，排烟温度急剧升高（≥170℃），有火灾报警信号；电流摆动大（≥2A），甚至跳闸		
先期处置	接到汇报	确认尾部烟道再燃烧，向发电部、维护部、HSE 部、生技部主任及公司领导汇报，申请启动应急预案	值长
		（1）命令集控巡操员现场核实火情； （2）判断着火部位； （3）申请降低机组负荷； （4）严密监视尾部烟道和空气预热器出口烟温	集控主值

响应程序	情形（现象）	处置措施	责任人
先期处置	脱硝催化剂处再燃烧	投入脱硝区域蒸汽吹灰	集控副值
	低压再热器、低温过热器、省煤器区域再燃烧	投入该区域蒸汽吹灰	集控主值
	空气预热器发生再燃烧	（1）投入该区域蒸汽吹灰；（2）加强空气预热器电流监视，维持空气预热器连续运行	集控主值
	采取措施无效，排烟温度超过200℃时	（1）立即停炉，停止所有风机运行，关闭所有风门挡板和烟气挡板；（2）若空气预热器再燃烧，投入空气预热器消防喷淋	集控主值
汇报	停炉	向网调、省调、上级公司调度室、市环保局及公司领导汇报，申请启动应急预案	值长
应急响应	再燃烧部位温度持续降至正常	打开检查孔进行检查，确认已无火源后，可打开引风机通道通风降温	运行控制组
		检查各部受热面设备无损坏；受热面积聚的可燃物清理干净后，重新启动引、送风机，进行彻底吹扫	维护抢修组

续表

响应程序	情形（现象）	处置措施	责任人
应急响应	再燃烧部位温度持续降至正常	排查再燃烧原因，故障消除后方可重新申请调度点火启动	应急指挥部
应急结束	火灾消除，机组具备启动条件	下令应急结束，恢复现场和正常的生产秩序	应急指挥部

注意事项
（1）尽量保持空气预热器的运行，空气预热器跳闸后应保持手动盘车，盘不动时不得强行盘车；
（2）应急处置时应正确佩戴使用隔热服、隔热手套、护目镜等安全防护用具，注意防止烧伤、烫伤、机械伤害；
（3）应急救援结束后要全面检查、确认现场无火灾隐患

4.16 锅炉炉膛爆炸应急处置卡

响应程序	情形（现象）	处置措施	责任人
发现	炉膛冒正压，有巨大爆炸声，不严密处冒出烟气、火焰	（1）本人撤到安全地带，在保证自身安全前提下，疏散无关人员； （2）向值长汇报	就地人员
	锅炉 MFT 动作，炉膛灭火，火检消失，炉膛负压突升	向值长汇报	集控主值
先期处置	锅炉 MFT 未动作	立即手动 MFT，切断所有燃料，紧急停运机组，向值长汇报	集控主值
	锅炉 MFT 动作	确认保护动作正常，向值长汇报	集控主值
	锅炉停运后	（1）炉膛吹扫 5～10min 后，关闭所有烟风挡板闷炉； （2）空气预热器投连续吹灰； （3）脱硝系统投入吹灰	集控主值
汇报	炉膛爆炸，机组停运	（1）向网调、省调、上级公司调度室、市环保局、发电部、维护部、HSE 部、生技部主任及公司领导汇报，申请启动应急预案； （2）命令消防队赶往现场救援；	值长

续表

响应程序	情形（现象）	处置措施	责任人
汇报	炉膛爆炸，机组停运	（3）命令警戒疏散人员现场警戒疏散	值长
应急响应	人员被困	搜救被困人员	消防救援组
	有人员受伤	立即进行紧急救护	医疗救护组
	现场发生火灾	立即进行救火	消防救援组
	人员有烫伤、烧伤等危险	对爆破影响区域进行警戒，设立警示标志，疏散无关人员	警戒疏散组
	现场无法控制	（1）向当地县应急中心、市应急中心、119指挥中心等请求支援。 报警内容：单位名称、地址、爆炸、着火部位、设备损坏、人员伤亡情况，同时将自己的电话号码和姓名告诉对方。 （2）上级应急预案启动，应听从其指挥；专业队伍到厂后应全力配合	应急办
应急结束	设备损坏、人员已得到妥善处置	下令应急结束，各应急队伍恢复现场和正常的生产秩序	应急指挥部

响应程序	情形（现象）	处置措施	责任人
注意事项 （1）注意自身安全，防止烫伤、烧伤等人身伤亡； （2）危险区设好警戒线，并挂好标识牌，防止无关人员进入； （3）正确佩戴使用护目镜、防尘口罩、隔热服、隔热手套等安全防护用具； （4）应急救援结束后全面检查、确认现场无火灾隐患			

4.17 炉前燃油系统着火应急处置卡

响应程序	情形（现象）	处置措施	责任人
发现	有明火，同时伴随有大量黑色烟雾	（1）在保证自身安全的前提下，检查火灾发生区域有无人员受伤，撤离无关人员，扑灭初期火灾； （2）向值长汇报，同时向公司消防队汇报	就地人员
	火灾报警闪烁、鸣叫	（1）检查火灾报警装置报警区域； （2）报告值长	集控主值
先期处置	接到汇报后	（1）命令集控巡操员现场检查，核实着火点和火情，扑救初期火灾； （2）命令消防队赶往现场进行灭火； （3）向发电部、维护部、生技部、HSE 部主任和公司领导汇报，申请启动应急预案	值长
	接到命令后	（1）穿戴防护眼镜、防尘口罩，利用附近灭火器进行初期火灾扑救； （2）根据着火部位，进行系统隔离； （3）检查并命令着火区域人员撤离；	集控巡操员

响应程序	情形（现象）	处置措施	责任人
先期处置	接到命令后	（4）及时向值长汇报现场火灾发展情况	集控巡操员
	确认火情后	停止燃油泵运行	集控主值
		（1）关闭炉前燃油供/回油快关阀，同时就地关闭炉前燃油供/回油手动门； （2）开启供油母管排污手动门，进行泄压	集控巡操员
汇报	火势较大时	向发电部、维护部、生技部、HSE部主任和公司领导汇报，申请启动应急预案	值长
应急响应	火势较大时	进行区域警戒，疏散周围区域无关人员	警戒疏散组
		对着火区域进行灭火	消防救援组
	人员受伤	进行紧急救护	医疗救护组
	火灾无法控制时	（1）向当地县应急中心、市应急中心、119指挥中心等请求支援。 报警内容：单位名称、地址、着火物质、火势大小、着火范围；把自己的电话号码和姓名告诉对方，以便联系。	应急办

响应 程序	情形（现象）	处置措施	责任人
应急 响应	火灾无法控制时	（2）上级应急预案启动，应听从其指挥；专业队伍到厂后应全力配合	应急办
应急 结束	火已扑灭，确认现场无火灾隐患	下令应急结束，各应急队伍恢复现场和正常的生产秩序	应急指挥部

注意事项
（1）现场救火时须佩戴个人防护器具，如护目镜、防尘口罩、隔热服、隔热手套、绝缘靴等安全防护用具。加强自身防护，避免救火导致人身伤害。
（2）及时进行将泄漏点进行隔离，防止事故进一步扩大。
（3）危险区设好警戒线，并挂好标识牌，无操作权限的人员不得乱动现场设备。
（4）应急救援结束后要全面检查，确认现场无火灾隐患

4.18 油库着火应急处置卡

响应程序	情形（现象）	处置措施	责任人
发现	有明火，同时伴随有大量烟雾	（1）在保证自身安全前提下，检查火灾发生区域有无人员受伤，撤离无关人员，扑灭初期火灾； （2）向值长汇报，同时向公司消防队汇报。	就地人员
	火灾报警闪烁、鸣叫	（1）检查火灾报警装置报警区域； （2）向值长汇报	集控主值
	炉前燃油压力降低或产生波动，油泵电流异常	向值长汇报	集控副值
先期处置	接到汇报后	（1）命令集控巡操员现场检查核实火情，进行系统隔离和初期火灾扑救； （2）停运燃油泵运行，关闭燃油泵进出口电动门； （3）关闭炉前燃油供/回油快关阀	集控主值
		（1）命令消防队赶往现场灭火； （2）向发电部、维护部、HSE部、生技部主任和公司领导汇报	值长

续表

响应 程序	情形（现象）	处置措施	责任人
先期 处置	巡操接到命令	（1）穿戴防护眼镜、防尘口罩，赶往油库； （2）根据着火部位，采取系统隔离措施； （3）命令着火区域无关人员撤离； （4）实时向值长汇报现场火灾发展情况	集控 巡操员
	油罐着火时	（1）开启油罐消防喷淋系统，降温喷淋； （2）就地手动启动泡沫灭火装置； （3）关闭炉前燃油供油、回油手动总门	
	泵房着火时	（1）关闭油罐底部供油、回油手动总门； （2）关闭炉前燃油供油、回油手动总门	
	系统隔离后	准备油桶，开启供油母管上放油门进行放油泄压	维护 人员
汇报	火势较大	向发电部、维护部、HSE部、生技部主任及公司领导汇报，申请启动应急预案	值长
应急 响应	火势较大	对着火区域进行灭火，搜救受困人员	消防 救援组
		对着火区域进行警戒疏散	警戒 疏散组

响应程序	情形（现象）	处置措施	责任人
应急响应	人员受伤	命令医务人员紧急救护	医疗救护组
	火势无法控制时	火势无法控制时，应立即当地县应急中心、市应急中心、119 指挥中心等请求支援。 报警内容：单位名称、地址、着火物质、火势大小、着火范围；把自己的电话号码和姓名告诉对方，以便联系	应急办
		上级应急预案启动，应听从其指挥；专业队伍到厂后应全力配合	应急指挥部
应急结束	火已扑灭，确认现场无火灾隐患	下令应急结束，各应急队伍恢复现场和正常的生产秩序	应急指挥部

注意事项
（1）应急处置时注意防止中毒、窒息、烧烫伤；
（2）及时将着火部位进行隔离，防止火灾进一步扩大；
（3）不熟悉现场情况和灭火方法的人员不得进入危险区域；
（4）应急救援结束后要全面检查，确认现场无火灾隐患

4.19 厂用电中断应急处置卡

响应程序	情形（现象）	处置措施	责任人
发现	机组跳闸，10kV 段电压到零	向值长汇报	集控主值
先期处置	确认厂用电中断	向网调、省调、上级公司调度室、市环保局汇报机组跳闸情况	值长
		（1）检查确认机组跳闸，锅炉 MFT 动作，所有燃料切断。 （2）汽轮机调速系统动作正常、转速下降。所有交流电动机跳闸，主机直流油泵、密封油直流油泵、给水泵汽轮机直流油泵联锁启动；未联锁启动的，立即手动启动；向值长汇报。 （3）检查柴油发电机联锁启动；未联锁启动的，立即手动启动	集控主值
汇报	厂用电中断	向网调、省调、上级公司调度室、市环保局、发电部、维护部、HSE 部、生技部主任及公司领导汇报，申请启动应急预案	值长

响应程序	情形（现象）	处置措施	责任人
应急响应	500kV 系统正常，10kV 母线失压	（1）携带照明工具、戴绝缘手套、绝缘鞋，就地检查直流油泵运行正常、直流电压、UPS 电源及保安电源正常； （2）就地检查柴油发电机运行情况，柴油发电机油位； （3）疏散机房工作人员，确认应急照明已打开，走安全步梯通道，确保人员安全； （4）确认 DCS 报警； （5）值班员和电气二次人员共同确认继电保护动作情况，查找厂用电中断原因； （6）故障设备能够隔离，逐步恢复厂用电系统运行； （7）故障短时无法消除，则保证机组安全停运； （8）厂用电恢复后，机组重新启动	运行控制组
	500kV 系统失压	联系网调、省调，了解 500kV 母线失压的原因。隔离故障设备，恢复 500kV 系统，恢复厂用电	值长
		确保升压站直流系统工作正常，直流蓄电池无法维持直流系统电压时，切除直流母线上不重要的负荷	运行控制组

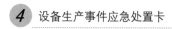

响应 程序	情形（现象）	处置措施	责任人
应急 结束	厂用电恢复正常	下令应急结束，各应急队 伍恢复现场和正常的生产秩 序	应急 指挥部
注意事项 （1）进入生产现场要按规定穿绝缘鞋、戴绝缘手套； （2）厂用电中断后，抢修应急人员应走安全步梯通道； （3）恢复过程中根据设备的重要性，逐步恢复			

4.20 发电机氢气泄漏应急处置卡

响应程序	情形（现象）	处置措施	责任人
发现	发电机氢压下降，严重时有异常漏气声音	（1）立即停止机房内一切工作，无关人员立即撤离现场； （2）向值长汇报	就地人员
	氢气压力下降，发电机氢气在线检漏装置报警	（1）向值长汇报； （2）监视发电机定子铁芯温度升高情况	集控主值
先期处置	值长接到汇报后	（1）命令集控巡操员现场检查； （2）命令消防队赶往现场待命； （3）根据泄漏情况和发电机氢压降负荷，做好停机准备； （4）命令维护人员到场，做好抢修准备； （5）向发电部、维护部、HSE部、生技部主任汇报	值长
	巡检接到命令后	（1）立即查找泄漏点，进行隔离，向值长汇报； （2）打开汽机房门窗进行通风，开启屋顶风机进行换气	集控巡操员
	油氢差压动作异常导致油压低于氢压时	立即联系维护处理，保证油压高于氢压	集控主值

续表

响应程序	情形（现象）	处置措施	责任人
先期处置	油氢差压动作异常导致油压低于氢压时	立即处理油氢差压阀	维护人员
	漏点处理	利用专用工具处理漏点，操作过程中防止出现明火	维护人员
		泄漏点隔离后，打开补氢门，将氢压补至额定值	集控巡操员
汇报	发电机氢气泄漏	向发电部、维护部、HSE部、生技部主任及公司领导汇报，申请启动应急预案	值长
应急响应	发电机内氢压无法维持	（1）申请网调停机；（2）向网调、省调、上级公司调度室、市环保局、发电部、维护部、HSE部、生技部主任及公司领导汇报，申请启动应急预案	值长
	现场有氢气爆炸危险	对漏氢区域进行警戒，设立警示标志，疏散无关人员	警戒疏散组
	泄漏点不能隔离	发电机进行事故退氢	运行控制组
应急结束	发电机氢压恢复正常	下令应急结束，各应急队伍恢复现场和正常的生产秩序	应急指挥部

响应程序	情形（现象）	处置措施	责任人
注意事项			
（1）氢气泄漏到机房内，立即开启门、窗，加强通风换气，禁止一切动火作业、禁止穿带钉子的鞋子。			
（2）所有施工人员疏散时，应检查关闭火源、切断电源。			
（3）必须使用铜质工具或涂黄油的工具，避免产生火花			

4.21 发电机氢气火灾、爆炸应急处置卡

响应程序	情形（现象）	处置措施	责任人
发现	发电机处氢气着火	（1）立即停止汽机房内一切工作，在保证自身安全前提下，检查火灾发生区域有无人员受伤，撤离无关人员，扑灭初期火灾； （2）向值长汇报，同时向公司消防队汇报	就地人员
先期处置	接到汇报后	（1）命令2名集控巡操员现场检查火灾情况，准备隔离泄漏点； （2）命令消防队赶往现场； （3）命令警戒疏散人员现场警戒疏散； （4）命令集控主值降低发电机内氢气压力； （5）向发电部、维护部、HSE部、生技部主任汇报。	值长
	接到命令后	立即降低发电机内氢气压力	集控主值
		（1）就地查找发电机氢气泄漏点； （2）使用铜质工具或涂黄油的工具，隔离泄漏点； （3）火势较小时，使用干粉灭火器进行初期灭火	集控巡操员

89

续表

响应程序	情形（现象）	处置措施	责任人
汇报	发电机氢气着火不能扑灭	（1）命令集控主值停机。 （2）向网调、省调、上级公司调度室、市环保局汇报	值长
应急响应	火势无法控制、爆炸，危及设备安全	（1）紧急停机； （2）进行事故排氢操作	运行控制组
		通知化学班关闭氢库阀门，检查密封油系统有无着火	值长
	人员被困	灭火和搜救被困人员	消防救援组
	人员受伤	立即进行紧急救护	医疗救护组
	人员有烫伤、烧伤等危险	对发电机火灾、爆炸区域进行警戒，设立警示标志，疏散无关人员	警戒疏散组
	发电机氢气爆炸，公司无法控制	（1）向当地县应急中心、市应急中心、119 指挥中心等请求支援。 报警内容：单位名称、地址、爆炸、着火部位、设备损坏、人员伤亡情况，同时将自己的电话号码和姓名告诉对方。 （2）上级应急预案启动，应听从其指挥；专业队伍到厂后应全力配合	应急办

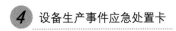

续表

响应 程序	情形（现象）	处置措施	责任人
应急 结束	设备、人员已得到 妥善处置	下令应急结束，各应急队 伍恢复现场和正常的生产秩 序	应急 指挥部
注意事项 （1）进入生产现场要穿防火服、戴防毒面具； （2）事故排氢时要注意控制发电机内压力，防止发电机进油； （3）氢气系统抢修必须使用铜质工具或涂黄油的工具			

4.22　主变压器冷却器全停应急处置卡

响应程序	情形（现象）	处置措施	责任人
发现	主变压器冷却器风扇停止运行，电源跳闸报警，各部温度上升	向值长汇报	集控主值
先期处置	接到汇报后	（1）命令集控巡操员就地检查冷却器电源跳闸原因； （2）命令集控主值根据主变压器各部温度减负荷，保证主变压器温度不超限； （3）向发电部、维护部、HSE 部、生技部主任汇报	值长
	接到命令后	穿绝缘鞋、戴绝缘手套，就地检查跳闸原因	集控巡操员
		若主变压器油温达到 75℃ 或者绕组温度达到 105℃ 时，立即减负荷	集控主值
	风扇电动机及电缆烧损	将烧损的设备隔离，恢复风扇电源供电	集控巡操员
	风扇电源开关损坏	立即联系维护更换，及时恢复电源供电	集控主值
	维护人员到场	立即更换风扇电源开关，及时恢复电源供电	维护人员
汇报	主变压器冷却器全停	向发电部、维护部、HSE部、生技部主任及公司领导汇报，申请启动应急预案	值长

续表

响应 程序	情形（现象）	处置措施	责任人
应急 结束	主变压器冷却器正常	下令应急结束，各应急队伍恢复现场和正常的生产秩序	应急 指挥部
注意事项 （1）进入生产现场要穿绝缘鞋、戴绝缘手套； （2）处理过程中故障设备未隔离，禁止送电，防止事故扩大			

4.23 水库泵站失压应急处置卡

响应程序	情形（现象）	处置措施	责任人
发现	水库补水泵全停，6kV 母线电压降到 0	向值长汇报	水库值班员
先期处置	接到汇报后	（1）命令水库值班员查找 6kV 母线失压原因，查看 6kV 断路器跳闸情况； （2）命令中水值班员启动中水泵； （3）立即切除一切非生产用水，向网调申请降负荷； （4）向发电部、维护部、HSE 部、生技部主任汇报	值长
	接到命令后	检查是站内跳闸还是站外跳闸，向值长汇报	水库值班员
		立即启动中水泵	中水值班员
		关闭非生产用水	集控巡操员化学副值
汇报	水库泵站失压	向发电部、维护部、HSE 部、生技部主任及公司领导汇报，申请启动应急预案	值长
应急响应	水库泵站站内失压	（1）检查 6kV 断路器跳闸原因，将故障设备隔离，恢复 6kV 母线供电；	运行控制组

响应程序	情形（现象）	处置措施	责任人
应急响应	水库泵站站内失压	（2）若 6kV 段不能全部恢复时，应断开母联断路器，恢复半段供电； （3）6kV 母线半段或全部恢复后，及时启动水库补水泵，恢复供水	运行控制组
	水库泵站站外失压	检查站内开关正常，进线无电压时，向值长汇报	运行控制组
		询问当地县调、地调线路保护动作情况，并督促公司维护人员、当地电业局就地紧急巡线	值长
		（1）断开水库泵站站内开关； （2）检查泵站附近线路有无明显故障点，及时向值长汇报； （3）线路供电正常后，恢复水库泵站供电、恢复供水	运行控制组
应急结束	水库泵站正常	下令应急结束，各应急队伍恢复现场和正常的生产秩序	应急指挥部
注意事项 （1）故障设备未隔离禁止送电； （2）做好恢复供电准备，线路供电后及时恢复供电			

4.24 主变压器、高压厂用变压器爆炸应急处置卡

响应程序	情形（现象）	处置措施	责任人
发现	主变压器、高压厂用变压器区域有异常爆炸声，瓦斯保护动作报警，机组跳闸	（1）在保证自身安全前提下，检查火灾发生区域有无人员受伤，撤离无关人员； （2）向值长汇报，同时向公司消防队汇报	就地人员
		（1）确认机组跳闸，主变压器、高压厂用变压器瓦斯保护动作报警，否则手动停机和厂用电切换； （2）将主变压器、高压厂用变压器爆炸，机组跳闸情况向值长汇报	集控主值
先期处置	值长接到汇报后	（1）命令巡操人员现场检查； （2）命令消防队赶往现场； （3）命令维护人员到场，并做好抢修准备； （4）向发电部、维护部、HSE部、生技部主任汇报	值长
	巡操人员接到命令后	（1）穿防护服装、绝缘鞋、戴防毒面具到现场，查看爆炸地点有无出现着火、有无人员伤亡等情况； （2）向值长汇报现场检查情况	集控巡操人员

续表

响应 程序	情形（现象）	处置措施	责任人
先期 处置	机组停运后	检查汽轮机跳闸、锅炉灭火，相应辅机跳闸、汽轮机转速下降的情况	集控 主值
汇报	主变压器、高压厂用变压器爆炸，机组停运	向网调、省调、上级公司调度室、市环保局、发电部、维护部、HSE部、生技部主任及公司领导汇报，申请启动应急预案	值长
应急 响应	人员被困	搜救被困人员	消防 救援组
	有人员受伤	立即进行紧急救护	医疗 救护组
	人员有烫伤、烧伤等危险	对火灾、爆炸区域进行警戒，设立警示标志，疏散无关人员	警戒疏 散组
应急 结束	设备、人员以妥善安置	下令应急结束，各应急队伍恢复现场和正常的生产秩序	应急指 挥部
注意事项： 进入火灾现场必须穿防护服装、穿绝缘鞋、戴绝缘手套			

4.25 高压启动备用变压器爆炸应急处置卡

响应程序	情形（现象）	处置措施	责任人
发现	高压启动备用变压器有异常爆炸声，瓦斯保护动作报警，机组跳闸	（1）在保证自身安全前提下，检查火灾发生区域有无人员受伤，撤离无关人员； （2）向值长汇报，同时向公司消防队汇报	就地人员
		（1）确认高压启动备用变压器瓦斯保护动作报警，否则手动紧急停运高压启动备用变压器；如此时1台机组厂用电由启动备用变压器带时，该机组按照厂用电中断应急处置卡处理。 （2）将高压启动备用变压器爆炸情况向值长汇报	集控主值
先期处置	值长接到汇报后	（1）命令巡操人员现场检查设备受损情况； （2）命令消防队赶往现场； （3）命令维护人员到场，并做好抢修准备； （4）向发电部、维护部、HSE部、生技部主任汇报	值长
	巡操人员接到命令后	（1）穿防护服装、绝缘鞋，戴防毒面具到现场，查看爆炸地点有无出现着火、有无人员伤亡等情况；	集控巡操员

续表

响应程序	情形（现象）	处置措施	责任人
先期处置	巡操人员接到命令后	（2）紧急疏散周边检修人员； （3）向值长汇报现场检查情况	
汇报	高压启动备用变压器爆炸，停运	向网调、省调、上级公司调度室、市环保局、发电部、维护部、HSE 部、生技部主任及公司领导汇报，申请启动应急预案	值长
应急响应	人员被困	灭火和搜救被困人员	消防救援组
	人员受伤	立即进行紧急救护	医疗救护组
	人员有烫伤、烧伤等危险	对高压启动备用变压器区域进行警戒，设立警示标志，疏散无关人员	警戒疏散组
应急结束	设备、人员以妥善安置	下令应急结束，各应急队伍恢复现场和正常的生产秩序	应急指挥部
注意事项： 进入火灾现场必须穿防护服装、穿绝缘鞋、戴绝缘手套			

4.26 主变压器、高压厂用变压器火灾应急处置卡

响应程序	情形（现象）	处置措施	责任人
发现	主变压器、高压厂用变压器冒烟着火	（1）在保证自身安全前提下，检查火灾发生区域有无人员受伤，撤离无关人员，扑灭初期火灾； （2）向值长汇报，同时向公司消防队汇报	就地人员
		（1）核对变压器温度，根据负荷、冷却器情况，分析变压器运行情况； （2）将主变压器、高压厂用变压器火灾情况汇报值长	集控主值
先期处置	值长接到汇报后	（1）命令集控巡操员现场检查； （2）命令消防队赶往现场； （3）命令维护人员到场，并做好抢修准备； （4）向发电部、维护部、HSE 部、生技部主任汇报	值长
	巡操人员接到命令后	（1）穿防护服装、绝缘鞋，戴防毒面具就地查看主变压器、高压厂用变压器着火情况。火势较小时，立即用干粉灭火器进行灭火。 （2）向值长汇报现场检查情况	集控巡操员

续表

响应程序	情形（现象）	处置措施	责任人
汇报	主变压器、高压厂用变压器着火	向网调、省调、上级公司调度室、市环保局、发电部、维护部、HSE 部、生技部主任及公司领导汇报，申请启动应急预案	值长
应急响应	火势较大	（1）启动电动消防泵，并就地打开变压器消防喷淋装置； （2）立即紧急停机	运行控制组
	火灾无法扑灭	（1）向当地县应急中心、市应急中心、119 指挥中心等请求支援。 　报警内容：单位名称、地址、着火物质、火势大小、人员受困及伤亡情况；同时将自己的电话号码和姓名告诉对方。 （2）上级应急预案启动，应听从其指挥。 （3）专业队伍到厂后应全力配合	应急办
	人员被困	灭火和搜救被困人员	消防救援组
	有人员受伤	立即进行紧急救护	医疗救护组

续表

响应 程序	情形（现象）	处置措施	责任人
应急 响应	人员有烫伤、烧伤 等危险	对发电机火灾、爆炸区域 进行警戒，设立警示标志， 疏散无关人员	警戒 疏散组
应急 结束	主变压器、高压厂 用变压器火灾扑灭， 恢复正常	下令应急结束，各应急队 伍恢复现场和正常的生产秩 序	应急 指挥部
注意事项 （1）进入火灾现场必须穿防护服装、绝缘鞋，戴防毒面具； （2）使用雨淋阀时，先启动高压消防泵运行； （3）注意火灾产生大量漏油时，禁止启动雨淋阀系统，避免造成漏油扩散； （4）任何人在处置过程中发现设备异常或其他险情，应及时向应急救援指挥部汇报			

4.27 高压启动备用变压器火灾应急处置卡

响应程序	情形（现象）	处置措施	责任人
发现	高压启动备用变压器冒烟着火	（1）在保证自身安全前提下，检查火灾发生区域有无人员受伤，撤离无关人员，扑灭初期火灾； （2）向值长汇报，同时报告公司消防队	就地人员
		（1）核对变压器温度，根据负荷、冷却器情况，分析变压器运行情况； （2）将高压启动备用变压器火灾情况汇报值长	集控值班员
先期处置	值长接到汇报后	（1）命令集控巡操员现场检查； （2）命令消防队赶往现场； （3）命令维护人员到场，并做好抢修准备； （4）向发电部、维护部、HSE 部、生技部主任汇报	值长
	巡操人员接到命令后	（1）穿防护服装、绝缘鞋，戴防毒面具，就地查看高压启动备用变压器着火情况。火势较小时，立即用干粉灭火器进行灭火。 （2）向值长汇报现场检查情况	集控巡操员

响应程序	情形（现象）	处置措施	责任人
汇报	高压启动备用变压器着火	向发电部、维护部、HSE部、生技部主任及公司领导汇报，申请启动应急预案	值长
应急响应	火势较大	（1）立即启动电动消防泵，并就地打开变压器消防喷淋装置。 （2）立即停运启动备用变压器操作。如此时1台机组厂用电由启动备用变压器带时，该机组按照厂用电中断应急处置卡处理。 （3）做好隔离工作，防止影响附近其他设备运行，停止设备运行	运行控制组
	火灾无法扑灭	（1）向当地县应急中心、市应急中心、119指挥中心等请求支援。 报警内容：单位名称、地址、着火物质、火势大小、人员受困及伤亡情况，同时将自己的电话号码和姓名告诉对方。 （2）上级应急预案启动，应听从其指挥；专业队伍到厂后应全力配合	应急办
	人员被困	灭火和搜救被困人员	消防救援组

续表

响应程序	情形（现象）	处置措施	责任人
应急响应	有人员受伤	立即进行紧急救护	医疗救护组
	人员有烫伤、烧伤等危险	对发电机火灾、爆炸区域进行警戒，设立警示标志，疏散无关人员	警戒疏散组
应急结束	高压启动备用变压器火灾扑灭，恢复正常	下令应急结束，各应急队伍恢复现场和正常的生产秩序	应急指挥部

注意事项
（1）进入火灾现场必须穿防护服装、绝缘鞋，戴防毒面具；
（2）使用雨淋阀时，启动高压消防泵运行；
（3）火灾导致变压器大量漏油时，禁止启动雨淋阀系统，避免造成漏油扩散；
（4）任何人在应急处置过程中发现设备异常或其他险情，应及时向应急救援指挥部汇报

4.28 IG-541气体保护间火灾应急处置卡

4.28.1 1号机汽轮机电子间火灾应急处置卡

响应程序	情形（现象）	处置措施	责任人
发现	1号汽轮机电子间发生火情	（1）先期使用手提2kg二氧化碳灭火器及4kg ABC干粉灭火器进行灭火； （2）必要时使用35kg ABC干粉推车灭火器进行灭火	就地人员
汇报	不能扑灭	向值长汇报	就地人员
先期处置	火势扩大	（1）派人到1号汽轮机7.5m层1号IG-541气体钢瓶间，拔掉1号汽轮机电子间启动钢瓶电磁阀下部安全销； （2）按下启动按钮后门口声光报警器应动作，30s后门口上方放气指示灯亮，并能听到该房间内有气体释放声音（表明已开始喷放灭火）； （3）通知1号汽轮机电子间就地人员撤出房间并关好门窗，启动门口紧急启停按钮； （4）按下启动按钮30s后如没有释放气体，应迅速通	集控巡操员

续表

响应程序	情形（现象）	处置措施	责任人
先期处置	火势扩大	知钢瓶间人员进行机械应急操作启动； （5）1号钢瓶间人员接到通知应立即拔掉1号汽轮机电子间启动钢瓶电磁阀上部安全销，按下电磁阀下压推杆实施灭火	集控巡操员
扩大应急	火势蔓延至室外区域	向当地县应急中心、市应急中心、119指挥中心等请求支援。 报警内容：单位名称、地址、着火物质、火势大小、着火范围、人员伤亡情况，同时将自己的电话号码和姓名告诉对方	应急办
应急结束	火灾消除，无火灾隐患	下令应急结束，各应急队伍恢复现场和正常的生产秩序	应急指挥部
注意事项 （1）在实施气体灭火前应关好该区域的门窗，所有人员撤离房间，气体喷放中禁止任何人员进入房间； （2）灭火完毕后方可打开门窗及相关排烟设施，进行排烟、排气			

4.28.2 2号机汽轮机电子间火灾应急处置卡

响应程序	情形（现象）	处置措施	责任人
发现	2号汽轮机电子间发生火情	（1）先期使用手提2kg二氧化碳灭火器及4kg ABC干粉灭火器进行灭火； （2）必要时使用35kg ABC干粉推车灭火器进行灭火	就地人员
汇报	不能扑灭	向值长汇报	就地人员
先期处置	火势扩大	（1）派人到2号汽轮机7.5m层2号IG-541气体钢瓶间，拔掉2号汽轮机电子间启动钢瓶电磁阀下部安全销； （2）按下启动按钮后，门口声光报警器应动作，30s后门口上方放气指示灯亮，并能听到该房间内有气体释放声音（表明已开始喷放灭火）； （3）通知2号汽轮机电子间就地人员撤出房间并关好门窗，启动门口紧急启停按钮； （4）按下启动按钮30s后如没有释放气体，应迅速通知钢瓶间人员进行机械应急操作启动； （5）钢瓶间人员接到通知，	集控巡操员

响应 程序	情形（现象）	处置措施	责任人
先期 处置	火势扩大	应立即拔掉2号汽轮机电子间启动钢瓶电磁阀上部安全销，按下电磁阀下压推杆实施灭火	集控 巡操员
扩大 应急	影响其他设备运行	（1）立即停止受到威胁的设备； （2）向当地县应急中心、市应急中心、119指挥中心等请求支援。 报警内容：单位名称、地址、着火物质、火势大小、着火范围、人员伤亡情况，同时将自己的电话号码和姓名告诉对方	应急办
应急 结束	火灾消除，无火灾隐患	下令应急结束，各应急队伍恢复现场和正常的生产秩序	应急指挥部
注意事项 （1）在实施气体灭火前应关好该区域的门窗，所有人员撤离该房间，气体喷放中禁止任何人员进入房间。 （2）灭火完毕后方可打开门窗及相关排烟设施进行排烟、排气			

4.28.3　1号锅炉电子间火灾应急处置卡

响应程序	情形（现象）	处置措施	责任人
发现	1号锅炉电子间发生火情	（1）先期使用手提 2kg 二氧化碳灭火器及 4kg ABC 干粉灭火器进行灭火； （2）必要时使用 35kg ABC 干粉推车灭火器进行灭火	就地人员
汇报	不能扑灭	向值长汇报	就地人员
先期处置	火势扩大	（1）派人到 1 号汽轮机 7.5m 层 1 号 IG-541 气体钢瓶间，拔掉 1 号锅炉电子间启动钢瓶电磁阀下部安全销； （2）按下启动按钮后门口声光报警器应动作，30s 后门口上方放气指示灯亮，并能听到该房间内有气体释放声音（表明已开始喷放灭火）； （3）通知 1 号锅炉电子间就地人员撤出房间并关好门窗，启动门口紧急启停按钮； （4）按下启动按钮 30s 后如没有释放气体，应迅速通知钢瓶间人员进行机械应急操作启动； （5）钢瓶间人员接到通知应立即拔掉 2 号汽轮机电子间启动钢瓶电磁阀上部安全销，按下电磁阀下压推杆实施灭火	集控巡操员

续表

响应程序	情形（现象）	处置措施	责任人
扩大应急	影响其他设备运行	（1）立即停止受到威胁的设备； （2）向当地县应急中心、市应急中心、119 指挥中心等请求支援。 报警内容：单位名称、地址、着火物质、火势大小、着火范围、人员伤亡情况，同时将自己的电话号码和姓名告诉对方	应急指挥部
应急结束	火灾消除，无火灾隐患	下令应急结束，各应急队伍恢复现场和正常的生产秩序	应急指挥部
注意事项 （1）在实施气体灭火前应关好该区域的门窗，所有人员撤离该房间，气体喷放中禁止任何人员进入房间。 （2）灭火完毕后方可打开门窗及相关排烟设施进行排烟、排气			

4.28.4　2号锅炉电子间火灾应急处置卡

响应程序	情形（现象）	处置措施	责任人
发现	2号锅炉电子间发生火情	（1）先期使用手提2kg二氧化碳灭火器及4kg ABC干粉灭火器进行灭火； （2）必要时使用35kg ABC干粉推车灭火器进行灭火	就地人员
汇报	不能扑灭	向值长汇报	就地人员
先期处置	火势扩大	（1）派人到2号汽轮机7.5m层2号IG-541气体钢瓶间，拔掉1号锅炉电子间启动钢瓶电磁阀下部安全销； （2）按下启动按钮后门口声光报警器应动作，30s后门口上方放气指示灯亮，并能听到该房间内有气体释放声音（表明已开始喷放灭火）； （3）通知2号锅炉电子间就地人员撤出房间并关好门窗，启动门口紧急启停按钮； （4）按下启动按钮30s后如没有释放气体，应迅速通知钢瓶间人员进行机械应急操作启动； （5）钢瓶间人员接到通知应立即拔掉2号汽轮机电子间启动钢瓶电磁阀上部安全销，按下电磁阀下压推杆实施灭火	集控巡操员

响应程序	情形（现象）	处置措施	责任人
扩大应急	影响其他设备运行	（1）立即停止受到威胁的设备； （2）向当地县应急中心、市应急中心、119 指挥中心等请求支援。 报警内容：单位名称、地址、着火物质、火势大小、着火范围、人员伤亡情况，同时将自己的电话号码和姓名告诉对方	应急办
应急结束	火灾消除，无火灾隐患	下令应急结束，各应急队伍恢复现场和正常的生产秩序	应急指挥部

注意事项
（1）在实施气体灭火前应关好该区域的门窗，所有人员撤离该房间，气体喷放中禁止任何人员进入房间。
（2）灭火完毕后方可打开门窗及相关排烟设施进行排烟、排气

4.28.5 锅炉电子间电缆夹层火灾应急处置卡

响应程序	情形（现象）	处置措施	责任人
发现	锅炉电子间电缆夹层发生火情	（1）先期使用手提 2kg 二氧化碳灭火器及 4kg ABC 干粉灭火器进行灭火； （2）必要时使用 35kg ABC 干粉推车灭火器进行灭火	就地人员
汇报	不能扑灭	向值长汇报	就地人员
先期处置	火势扩大	（1）派人到 1 号汽轮机 7.5m 层 1 号 IG-541 气体钢瓶间，拔掉锅炉电子间电缆夹层启动钢瓶电磁阀下部安全销； （2）按下启动按钮后门口声光报警器应动作，30s 后门口上方放气指示灯亮，并能听到该房间内有气体释放声音（表明已开始喷放灭火）； （3）通知锅炉电子间电缆夹层就地人员撤出房间并关好门窗，启动门口紧急启停按钮； （4）按下启动按钮 30s 后如没有释放气体，应迅速通知钢瓶间人员进行机械应急操作启动；	集控巡操员

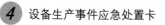

续表

响应程序	情形（现象）	处置措施	责任人
先期处置	火势扩大	（5）钢瓶间人员接到通知应立即拔掉锅炉电子间电缆夹层启动钢瓶电磁阀上部安全销，按下电磁阀下压推杆实施灭火	集控巡操员
扩大应急	影响其他设备运行	（1）立即停止受到威胁的设备； （2）向当地县应急中心、市应急中心、119 指挥中心等请求支援。 报警内容：单位名称、地址、着火物质、火势大小、着火范围、人员伤亡情况，同时将自己的电话号码和姓名告诉对方	应急办
应急结束	火灾消除，无火灾隐患	下令应急结束，各应急队伍恢复现场和正常的生产秩序	应急指挥部

注意事项
（1）在实施气体灭火前应关好该区域的门窗，所有人员撤离该房间，气体喷放中禁止任何人员进入房间。
（2）灭火完毕后方可打开门窗及相关排烟设施进行排烟、排气

4.28.6 汽轮机电子间电缆夹层火灾应急处置卡

响应程序	情形（现象）	处置措施	责任人
发现	汽轮机电子间电缆夹层发生火情	（1）先期使用手提 2kg 二氧化碳灭火器及 4kg ABC 干粉灭火器进行灭火； （2）必要时使用 35kg ABC 干粉推车灭火器进行灭火	就地人员
汇报	不能扑灭	向值长汇报	就地人员
先期处置	火势扩大	（1）派人到 1 号汽轮机 7.5m 层 1 号 IG-541 气体钢瓶间，拔掉汽机电子间电缆夹层启动钢瓶电磁阀下部安全销 （2）按下启动按钮后门口声光报警器应动作，30s 后门口上方放气指示灯亮，并能听到该房间内有气体释放声音（表明已开始喷放灭火）； （3）通知汽轮机电子间电缆夹层就地人员撤出房间并关好门窗，启动门口紧急启停按钮； （4）按下启动按钮 30s 后如没有释放气体，应迅速通知钢瓶间人员进行机械应急操作启动；	集控巡操员

响应程序	情形（现象）	处置措施	责任人
先期处置	火势扩大	（5）钢瓶间人员接到通知，应立即拔掉锅炉电子间电缆夹层启动钢瓶电磁阀上部安全销，按下电磁阀下压推杆实施灭火	集控巡操员
扩大应急	影响其他设备运行	（1）立即停止受到威胁的设备； （2）向当地县应急中心、市应急中心、119 指挥中心等请求支援。 报警内容：单位名称、地址、着火物质、火势大小、着火范围、人员伤亡情况，同时将自己的电话号码和姓名告诉对方	应急办
应急结束	火灾消除，无火灾隐患	下令应急结束，各应急队伍恢复现场和正常的生产秩序	应急指挥部

注意事项
（1）在实施气体灭火前应关好该区域的门窗，所有人员撤离该房间，气体喷放中禁止任何人员进入房间。
（2）灭火完毕后方可打开门窗及相关排烟设施进行排烟、排气

4.28.7 1号机汽轮机 380V PC 间火灾应急处置卡

响应 程序	情形（现象）	处置措施	责任人
发现	1号机汽轮机 380V PC 间发生火情	（1）先期使用手提 2kg 二氧化碳灭火器及 4kg ABC 干粉灭火器进行灭火； （2）必要时使用 35kg ABC 干粉推车灭火器进行灭火	就地人员
汇报	不能扑灭	向值长汇报	就地人员
先期处置	火势扩大	（1）派人到 1 号汽轮机 7.5m 层 1 号 IG-541 气体钢瓶间，拔掉 1 号机汽轮机 380V PC 间启动钢瓶电磁阀下部安全销； （2）按下启动按钮后门口声光报警器应动作，30s 后门口上方放气指示灯亮，并能听到该房间内有气体释放声音（表明已开始喷放灭火）； （3）通知 1 号机汽轮机 380V PC 间就地人员撤出房间并关好门窗，启动门口紧急启停按钮； （4）按下启动按钮 30s 后如没有释放气体，应迅速通知钢瓶间人员进行机械应急操作启动； （5）钢瓶间人员接到通知，应立即拔掉锅炉电子间电缆	集控巡操员

续表

响应 程序	情形（现象）	处置措施	责任人
先期 处置	火势扩大	夹层启动钢瓶电磁阀上部安全销，按下电磁阀下压推杆实施灭火	集控 巡操员
扩大 应急	影响其他设备运行	（1）立即停止受到威胁的设备； （2）向当地县应急中心、市应急中心、119 指挥中心等请求支援。 报警内容：单位名称、地址、着火物质、火势大小、着火范围、人员伤亡情况，同时将自己的电话号码和姓名告诉对方	应急办
应急 结束	火灾消除，无火灾隐患	下令应急结束，各应急队伍恢复现场和正常的生产秩序	应急 指挥部

注意事项
（1）在实施气体灭火前应关好该区域的门窗，所有人员撤离该房间，气体喷放中禁止任何人员进入房间。
（2）灭火完毕后方可打开门窗及相关排烟设施进行排烟、排气

4.28.8 2号机汽轮机380V PC 间火灾应急处置卡

响应程序	情形（现象）	处置措施	责任人
发现	2号机 380V PC 间发生火情	（1）先期使用手提 2kg 二氧化碳灭火器及 4kg ABC 干粉灭火器进行灭火； （2）必要时使用 35kg ABC 干粉推车灭火器进行灭火	就地人员
汇报	不能扑灭	向值长汇报	就地人员
先期处置	火势扩大	（1）派人到 1 号汽轮机 7.5m 层 1 号 IG-541 气体钢瓶间，拔掉 2号机 380V PC 间启动钢瓶电磁阀下部安全销； （2）按下启动按钮后，门口声光报警器应动作，30s 后门口上方放气指示灯亮，并能听到该房间内有气体释放声音（表明已开始喷放灭火）； （3）通知 2号机 380V PC 间就地人员撤出房间并关好门窗，启动门口紧急启停按钮； （4）按下启动按钮 30s 后如没有释放气体，应迅速通知钢瓶间人员进行机械应急操作启动； （5）钢瓶间人员接到通知，应立即拔掉锅炉电子间电缆	集控巡操员

续表

响应程序	情形（现象）	处置措施	责任人
先期处置	火势扩大	夹层启动钢瓶电磁阀上部安全销，按下电磁阀下压推杆实施灭火	集控巡操员
扩大应急	影响其他设备运行	（1）立即停止受到威胁的设备； （2）向当地县应急中心、市应急中心、119 指挥中心等请求支援。 报警内容：单位名称、地址、着火物质、火势大小、着火范围、人员伤亡情况，同时将自己的电话号码和姓名告诉对方	应急办
应急结束	火灾消除，无火灾隐患	下令应急结束，各应急队伍恢复现场和正常的生产秩序	应急指挥部

注意事项
（1）在实施气体灭火前应关好该区域的门窗，所有人员撤离该房间，气体喷放中禁止任何人员进入房间。
（2）灭火完毕后方可打开门窗及相关排烟设施进行排烟、排气

4.28.9 1号机继电器保护间火灾应急处置卡

响应程序	情形（现象）	处置措施	责任人
发现	1号机继电器保护间发生火情	（1）先期使用手提2kg二氧化碳灭火器及4kg ABC干粉灭火器进行灭火； （2）必要时使用35kg ABC干粉推车灭火器进行灭火	就地人员
汇报	不能扑灭	向值长汇报	就地人员
先期处置	火势扩大	（1）派人到1号汽轮机7.5m层1号IG-541气体钢瓶间，拔掉1号机继电器保护间启动钢瓶电磁阀下部安全销； （2）按下启动按钮后门口声光报警器应动作，30s后门口上方放气指示灯亮，并能听到该房间内有气体释放声音（表明已开始喷放灭火）； （3）通知1号机继电器保护间就地人员撤出房间并关好门窗，启动门口紧急启停按钮； （4）按下启动按钮30s后如没有释放气体，应迅速通知钢瓶间人员进行机械应急操作启动；	集控巡操员

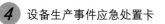

响应 程序	情形（现象）	处置措施	责任人
先期 处置	火势扩大	（5）钢瓶间人员接到通知，应立即拔掉锅炉电子间电缆夹层启动钢瓶电磁阀上部安全销，按下电磁阀下压推杆实施灭火	集控 巡操员
扩大 应急	影响其他设备运行	（1）立即停止受到威胁的设备； （2）向当地县应急中心、市应急中心、119 指挥中心等请求支援。 　报警内容：单位名称、地址、着火物质、火势大小、着火范围、人员伤亡情况，同时将自己的电话号码和姓名告诉对方	应急办
应急 结束	火灾消除，无火灾隐患	下令应急结束，各应急队伍恢复现场和正常的生产秩序	应急 指挥部

注意事项
（1）在实施气体灭火前应关好该区域的门窗，所有人员撤离该房间，气体喷放中禁止任何人员进入房间。
（2）灭火完毕后方可打开门窗及相关排烟设施进行排烟、排气

4.28.10 2号机继电器保护间火灾应急处置卡

响应程序	情形（现象）	处置措施	责任人
发现	2号机继电器保护间发生火情	（1）先期使用手提2kg二氧化碳灭火器及4kg ABC干粉灭火器进行灭火； （2）必要时使用35kg ABC干粉推车灭火器进行灭火	就地人员
汇报	不能扑灭	向值长汇报	就地人员
先期处置	火势扩大	（1）派人到1号汽轮机7.5m层1号IG-541气体钢瓶间，拔掉2号机继电器保护间启动钢瓶电磁阀下部安全销； （2）按下启动按钮后门口声光报警器应动作，30s后门口上方放气指示灯亮，并能听到该房间内有气体释放声音（表明已开始喷放灭火）； （3）通知2号机继电器保护间就地人员撤出房间并关好门窗，启动门口紧急启停按钮； （4）按下启动按钮30s后，如没有释放气体，应迅速通知钢瓶间人员进行机械应急操作启动； （5）钢瓶间人员接到通知，应立即拔掉锅炉电子间电缆	集控巡操员

续表

响应程序	情形（现象）	处置措施	责任人
先期处置	火势扩大	夹层启动钢瓶电磁阀上部安全销，按下电磁阀下压推杆实施灭火	集控巡操员
扩大应急	影响其他设备运行	（1）立即停止受到威胁的设备； （2）向当地县应急中心、市应急中心、119指挥中心等请求支援。 报警内容：单位名称、地址、着火物质、火势大小、着火范围、人员伤亡情况，同时将自己的电话号码和姓名告诉对方	应急办
应急结束	火灾消除，无火灾隐患	下令应急结束，各应急队伍恢复现场和正常的生产秩序	应急指挥部

注意事项
（1）在实施气体灭火前应关好该区域的门窗，所有人员撤离该房间，气体喷放中禁止任何人员进入房间。
（2）灭火完毕后方可打开门窗及相关排烟设施进行排烟、排气

4.28.11 1号机10kV电缆夹层火灾应急处置卡

响应程序	情形（现象）	处置措施	责任人
发现	1号机10kV电缆夹层发生火情	（1）先期使用手提2kg二氧化碳灭火器及4kg ABC干粉灭火器进行灭火； （2）必要时使用35kg ABC干粉推车灭火器进行灭火	就地人员
汇报	不能扑灭	向值长汇报	就地人员
先期处置	火势扩大	（1）派人到1号汽轮机7.5m层1号IG-541气体钢瓶间，拔掉1号10kV电缆夹层启动钢瓶电磁阀下部安全销； （2）按下启动按钮后门口声光报警器应动作，30s后门口上方放气指示灯亮，并能听到该房间内有气体释放声音（表明已开始喷放灭火）； （3）通知1号机10kV电缆夹层就地人员撤出房间并关好门窗，启动门口紧急启停按钮； （4）按下启动按钮30s后，如没有释放气体，应迅速通知钢瓶间人员进行机械应急操作启动； （5）钢瓶间人员接到通知，应立即拔掉锅炉电子间电缆	集控巡操员

续表

响应程序	情形（现象）	处置措施	责任人
先期处置	火势扩大	夹层启动钢瓶电磁阀上部安全销，按下电磁阀下压推杆实施灭火	集控巡操员
扩大应急	影响其他设备运行	（1）立即停止受到威胁的设备； （2）向当地县应急中心、市应急中心、119 指挥中心等请求支援。 报警内容：单位名称、地址、着火物质、火势大小、着火范围、人员伤亡情况，同时将自己的电话号码和姓名告诉对方	应急办
应急结束	火灾消除，无火灾隐患	下令应急结束，各应急队伍恢复现场和正常的生产秩序	应急指挥部

注意事项
（1）在实施气体灭火前应关好该区域的门窗，所有人员撤离该房间，气体喷放中禁止任何人员进入房间。
（2）灭火完毕后方可打开门窗及相关排烟设施进行排烟、排气

4.28.12 2 号机 10kV 电缆夹层火灾应急处置卡

响应程序	情形（现象）	处置措施	责任人
发现	2 号机 10kV 电缆夹层发生火情	（1）先期使用手提 2kg 二氧化碳灭火器及 4kg ABC 干粉灭火器进行灭火； （2）必要时使用 35kg ABC 干粉推车灭火器进行灭火	就地人员
汇报	不能扑灭	向值长汇报	就地人员
先期处置	火势扩大	（1）派人到 1 号汽轮机 7.5m 层 1 号 IG-541 气体钢瓶间，拔掉 2 号机 10kV 电缆夹层启动钢瓶电磁阀下部安全销； （2）按下启动按钮后门口声光报警器应动作，30s 后门口上方放气指示灯亮，并能听到该房间内有气体释放声音（表明已开始喷放灭火）； （3）通知 2 号机 10kV 电缆夹层就地人员撤出房间并关好门窗，启动门口紧急启停按钮； （4）按下启动按钮 30s 后，如没有释放气体，应迅速通知钢瓶间人员进行机械应急操作启动； （5）钢瓶间人员接到通知，应立即拔掉锅炉电子间电缆	集控巡操员

续表

响应程序	情形（现象）	处置措施	责任人
先期处置	火势扩大	夹层启动钢瓶电磁阀上部安全销，按下电磁阀下压推杆实施灭火	集控巡操员
扩大应急	影响其他设备运行	（1）立即停止受到威胁的设备； （2）向当地县应急中心、市应急中心、119 指挥中心等请求支援。 报警内容：单位名称、地址、着火物质、火势大小、着火范围、人员伤亡情况，同时将自己的电话号码和姓名告诉对方	应急办
应急结束	火灾消除，无火灾隐患	下令应急结束，各应急队伍恢复现场和正常的生产秩序	应急指挥部

注意事项
（1）在实施气体灭火前应关好该区域的门窗，所有人员撤离该房间，气体喷放中禁止任何人员进入房间。
（2）灭火完毕后方可打开门窗及相关排烟设施进行排烟、排气

4.28.13 给水泵汽轮机电子间火灾应急处置卡

响应程序	情形（现象）	处置措施	责任人
发现	给水泵汽轮机电子间发生火情	（1）先期使用手提 2kg 二氧化碳灭火器及 4kg ABC 干粉灭火器进行灭火； （2）必要时使用 35kg ABC 干粉推车灭火器进行灭火	就地人员
汇报	不能扑灭	向值长汇报	就地人员
先期处置	火势扩大	（1）派人到 1 号汽轮机 7.5m 层 1 号 IG-541 气体钢瓶间，拔掉给水泵汽轮机电子间启动钢瓶电磁阀下部安全销； （2）按下启动按钮后门口声光报警器应动作，30s 后门口上方放气指示灯亮，并能听到该房间内有气体释放声音（表明已开始喷放灭火）； （3）通知给水泵汽轮机电子间就地人员撤出房间并关好门窗，启动门口紧急启停按钮； （4）按下启动按钮 30s 后如没有释放气体，应迅速通知钢瓶间人员进行机械应急操作启动；	集控巡操员

续表

响应程序	情形（现象）	处置措施	责任人
先期处置	火势扩大	（5）钢瓶间人员接到通知，应立即拔掉锅炉电子间电缆夹层启动钢瓶电磁阀上部安全销，按下电磁阀下压推杆实施灭火	集控巡操员
扩大应急	影响其他设备运行	（1）立即停止受到威胁的设备； （2）向当地县应急中心、市应急中心、119 指挥中心等请求支援。 报警内容：单位名称、地址、着火物质、火势大小、着火范围、人员伤亡情况，同时将自己的电话号码和姓名告诉对方	应急办
应急结束	火灾消除，无火灾隐患	下令应急结束，各应急队伍恢复现场和正常的生产秩序	应急指挥部

注意事项
（1）在实施气体灭火前应关好该区域的门窗，所有人员撤离该房间，气体喷放中禁止任何人员进入房间。
（2）灭火完毕后方可打开门窗及相关排烟设施进行排烟、排气

131

4.29 分散控制系统故障应急处置卡

响应程序	情形（现象）	处置措施	责任人
发现	控制器或电源模件故障报警	向值长汇报	热控专业人员
	部分DCS操作员故障（黑屏或死机）	（1）向值长汇报； （2）通知热控专业人员检查处理	集控主值
	全部操作员站故障（黑屏或死机）	（1）向值长报告； （2）通知热控专业人员检查处理； （3）做好执行停机、停炉预案的准备	集控主值
先期处置	接到汇报	（1）命令巡检加强就地监视； （2）向分管生产副总经理汇报； （3）指挥集控值班员、热控专业人员监视操作、检查问题； （4）全部操作员站故障时，下达停机、停炉指令	值长
	热控专业接到通知	（1）确认操作员站故障、控制器或电源模件故障情况； （2）初步判断故障原因； （3）检查处理结果向值长汇报	热控专业人员

响应 程序	情形（现象）	处置措施	责任人
先期 处置	控制器或电源模件 故障报警	（1）设备切至后备手动方式运行； （2）若条件不允许，该辅机退出运行	集控 主值
		相关设备执行器切至就地	集控 巡操员
		将控制器或电源模件切至备用控制器或电源模件	热控 专业 人员
	部分DCS操作员故障（黑屏或死机）	（1）到工程师站应急监视、操作； （2）停止重大操作	集控 值班员
	全部操作员站故障 （黑屏或死机）	按照值长命令执行停机、停炉操作	集控 主值
	停机、停炉操作后	（1）现场确认汽轮机主汽门关闭、转速下降； （2）交直流润滑油泵运行正常； （3）现场确认电气主开关断开； （4）现场确认锅炉 MFT后应动作设备动作正确	集控 巡操员
应急 结束	故障消除	（1）通知当值人员恢复正常值班； （2）向公司生产领导汇报	值长

响应 程序	情形（现象）	处置措施	责任人
应急 结束	停机、停炉	停机后向网调、省调、上级 公司调度室、市环保局及公司 领导汇报	值长

注意事项

（1）值长台 DCS 备用机可应急监视。

（2）工程师站可应急监视以及操作。

（3）进入工程师站不得使用手机，按规定穿防护服装。

（4）应急处置成员在处理过程中发现设备异常或其他险情，应及时将情况汇报给值长，决不能盲目处理，造成设备损坏事故扩大。

（5）更换或修复控制器模件、电源模件时，应做好防止控制器初始化的措施，更换完毕后需要进行控制器数据比对检查

4.30 堆取料机损坏应急处置卡

响应程序	情形（现象）	处置措施	责任人
发现	堆取料机启动不起来，或者无法正常运行	（1）就地检查堆取料机设备损坏情况； （2）向燃料主值班员、值长汇报	就地人员
先期处置	短时间无法恢复运行	联系燃料部计划调度，及时组织火车煤、汽车煤	值长
		（1）调整上煤方式，从汽车煤沟、火车煤沟或配煤中心直接上煤； （2）保障锅炉用煤，首先保证下层磨煤机煤仓煤位	燃料主值
	抢修人员到位	（1）调整堆取料机状态，配合维护人员消缺； （2）实时向燃料主值汇报现场情况	燃料副值
汇报	煤仓煤位下降至半仓	向发电部、燃料部、质检中心、生技部主任及公司领导汇报	值长
应急响应	煤位持续下降	密切监视煤仓煤位情况，联系调度，调整机组负荷	值长
		安排铲车、推煤机到圆形煤场，向事故料斗推煤	燃料质检中心主任

135

响应程序	情形（现象）	处置措施	责任人
应急响应	煤位持续下降	加紧督促煤源，确保汽车煤沟、火车煤沟煤源能够满足机组运行需求	燃料部主任
		启动人工采样或抽检，提高接卸速度	燃料质检中心主任
		组织人员对设备进行抢修	维护抢修组
应急结束	设备抢修结束，试运正常	下令应急结束，各应急队伍恢复现场和正常的生产秩序	应急指挥部

注意事项：
（1）设备事故抢修需动火作业时，必须做好动火安全措施。
（2）抢修结束后，必须就地确认设备周围及内部人员全部撤离，方可送电试运。
（3）必须按安规要求着装、戴防尘口罩

4.31 活化给煤机损坏应急处置卡

响应程序	情形（现象）	处置措施	责任人
发现	活化给煤机本体有裂纹、激振弹簧有断裂、中竖板开焊等	（1）就地检查活化给煤机设备损坏情况； （2）向燃料主值班员、值长汇报	燃料副值
先期处置	短时间无法恢复运行	联系燃料部计划调度，及时组织火车煤、汽车煤	值长
		（1）调整上煤方式，从汽车煤沟、火车煤沟或配煤中心上煤 （2）保障锅炉用煤，首先保证下层磨机煤仓煤位	燃料主值
	抢修人员到位	（1）配合维护人员消缺； （2）实时向燃料主值班汇报现场情况	燃料副值
汇报	煤仓煤位下降至半仓	向发电部、燃料部、质检中心、生技部主任及公司领导汇报	值长
应急响应	煤位持续下降	密切监视煤仓煤位情况，联系调度，调整机组负荷	值长
		安排铲车、推煤机到圆形煤场，向事故料斗推煤	燃料质检中心主任
		加紧督促煤源，确保汽车煤沟、火车煤沟煤源能够满足机组运行需求	燃料部主任

续表

响应程序	情形（现象）	处置措施	责任人
应急响应	煤位持续下降	启动人工采样或抽检，提高接卸速度	燃料质检中心主任
		组织对设备进行抢修	维护抢修组
应急结束	设备抢修结束，试运正常	下令应急结束，各应急队伍恢复现场和正常的生产秩序	应急指挥部

注意事项
（1）设备事故抢修有动火工作时，必须做好动火安全措施。
（2）检修结束后，必须就地确认设备周围及内部人员全部撤离，方可送电试运。
（3）人员进入输煤生产现场，必须按安规要求着装、戴防尘口罩

4.32 燃料系统粉尘爆炸应急处置卡

响应程序	情形（现象）	处置措施	责任人
发现	现场有爆炸声响	（1）在保证自身安全前提下，检查火灾发生区域有无人员受伤，撤离无关人员； （2）检查设备损坏情况； （3）向燃料主值班员、值长汇报	就地人员
	就地人员报告爆炸后有火灾发生	（1）停止损坏设备和与之相关设备的运行，调整上煤方式； （2）使用灭火器或消防水进行初期灭火； （3）向值长汇报	燃料主值
先期处置	确认爆炸后着火	（1）通知消防队派2辆消防车赶往现场； （2）通知消防队进行警戒疏散； （3）向公司领导汇报突发事件信息。汇报内容主要包括事故发生的时间、地点、人员伤亡情况、设备损坏情况、可能的引发因素和发展趋势等	值长
汇报	造成设备损坏、建筑物损坏，无法运行	向发电部、HSE部、生技部主任及主管生产和燃料的公司领导汇报，申请启动应急预案	值长

续表

响应程序	情形（现象）	处置措施	责任人
应急响应	应急队伍到达现场	对现场着火点进行扑救及搜救受困人员	消防救援组
		对存在坍塌危险的区域设置警戒隔离带	警戒疏散组
		调整上煤方式，保障机组燃煤供应	维护抢修组
	输煤系统单侧无法运行	对损坏设备进行查看，在做好安全措施的前提下，抓紧维修	运行控制组
	输煤系统两侧均无法运行	（1）根据煤仓煤位减负荷运行； （2）如果输煤系统 8h 内无法恢复运行，申请停机	运行控制组
	爆炸无法控制	（1）应立即向当地县应急中心、市应急中心、119 指挥中心等请求支援。 报警内容：单位名称、地址、着火物质、火势大小、着火范围，把自己的电话号码和姓名告诉对方，以便联系。 （2）上级应急预案启动，应听从其指挥；专业队伍到厂后应全力配合	应急办

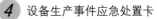

续表

响应 程序	情形（现象）	处置措施	责任人
应急 结束	现场得到控制，无坍塌、火灾隐患	下令应急结束，各应急队伍恢复现场和正常的生产秩序	应急 指挥部
注意事项 （1）加强自身防护，避免救火导致人身伤害。进入事故现场前必须查看建筑损坏情况，防止建筑物坍塌造成人身伤害。 （2）危险区域应设警戒线，挂标识牌，无操作权限人员不得擅动设备。 （3）电气设备火灾应先停电、后灭火，使用干粉、二氧化碳灭火器。 （4）清点救援人员，核实人员			

4.33 燃料输煤皮带火灾应急处置卡

响应程序	情形（现象）	处置措施	责任人
发现	现场冒烟、有明火并有焦糊味	（1）在保证自身安全前提下，检查火灾发生区域有无人员受伤，撤离无关人员，扑灭初期火灾； （2）报告燃料主值班员、值长，同时报公司消防队	就地人员
先期处置	接到汇报后	（1）通知消防队赶往现场； （2）通知保安队进行警戒疏散	值长
	确认着火	（1）停运着火皮带； （2）组织人员使用灭火器或消防水进行灭火	燃料主值
	火势有蔓延趋势	开启皮带头部、尾部雨淋阀防止范围扩大	
汇报	火势较大	向发电部、HSE部、生技部主任及主管生产和燃料的公司领导汇报，申请启动应急预案	值长
应急响应	应急队伍到达现场	对现场着火点进行扑救及搜救受困人员	消防救援组
		对着火区域进行警戒、疏散	警戒疏散组
		对伤员进行急救	医疗救护组

响应程序	情形（现象）	处置措施	责任人
应急响应	输煤系统无法运行	（1）根据煤仓煤位减负荷运行； （2）如输煤系统8h内无法恢复，申请停机	运行控制组
	火灾无法控制	（1）应立即向当地县应急中心、市应急中心、119指挥中心等请求支援。 报警内容：单位名称、地址、着火物质、火势大小、着火范围，把自己的电话号码和姓名告诉对方，以便联系。 （2）上级应急预案启动，应听从其指挥；专业队伍到厂后应全力配合	应急办
应急结束	火灾熄灭，皮带恢复上煤	下令应急结束，各应急队伍恢复现场和正常的生产秩序	应急指挥部

注意事项

（1）事故抢险过程中，应防止燃烧产生的有毒有害气体等对人体产生烧伤、炸伤、电击、窒息、中毒等伤害。

（2）应急人员应按规定穿戴好安全防护用品。进入事故现场必须戴安全帽、戴绝缘手套、穿绝缘鞋，穿棉质工作服。做好防止烧伤、中毒窒息的防范措施，电气设备灭火时做好防止触电的措施。

（3）进入火灾现场的消防队员（应急人员）应使用正压式消防空气呼吸器。

（4）危险区域应设警戒线、挂标识牌。

（5）当现场处置火灾无法控制时，应按照现场逃生路线迅速撤出处置现场至安全地点集结，同时清点人数，等待后续救援处理

4.34 圆形煤场火灾应急处置卡

响应程序	情形（现象）	处置措施	责任人
发现	圆形煤场煤堆有冒烟、着火现象	（1）在保证自身安全前提下，检查火灾区域有无人员受伤，撤离无关人员； （2）查看着火区域及煤堆大小； （3）向燃料主值班员，值长汇报	就地人员
	煤场温度监控系统温度异常点	（1）组织就地查看火情； （2）将着火情况向值长汇报，同时报告公司消防队	燃料主值
先期处置	确认煤场着火	（1）命令消防队派消防车赶往现场； （2）命令保安队进行警戒疏散； （3）向公司领导汇报突发事件信息，内容主要包括事故发生的时间、地点、人员伤亡情况、设备损坏情况、可能的引发因素和发展趋势等	值长
		注意调整上煤方式，防止着火煤上仓	燃料副值
汇报	煤场着火持续，不能快速扑灭	向发电部、HSE 部、生技部主任及主管生产和燃料的公司领导汇报，申请启动应急预案	值长

续表

响应程序	情形（现象）	处置措施	责任人
应急响应	煤场着火持续并扩大	启动电动消防泵，用消防车和消防炮对着火点进行扑救以及搜救受困人员	消防救援组
		安排铲车、推煤机对着火周边的煤进行倒堆	燃料质检中心主任
		（1）将着火点周围的煤尽快安排上仓，防止火势蔓延； （2）用铲车对浇灭的煤进行翻堆，温度降至60℃以下后，优先安排上仓。上仓期间加强皮带上的煤流监视，防止自燃的煤落到皮带上，造成事故扩大	运行控制组
	火灾无法控制	（1）立即向当地县应急中心、市应急中心、119指挥中心等请求支援。 报警内容：单位名称、地址、着火情况、人员受困及伤亡情况，同时将自己的电话号码和姓名告诉对方。 （2）上级应急预案启动，应听从其指挥；专业队伍到厂后应全力配合	应急办
应急结束	火灾熄灭	下令应急结束，各应急队伍恢复现场和正常的生产秩序	应急指挥部

响应程序	情形（现象）	处置措施	责任人
注意事项 （1）火灾扑救中应防止中毒、窒息、触电、烫伤。 （2）应急救援结束后要全面检查、确认无火灾隐患和建筑物坍塌隐患。 （3）注意调整上煤方式，防止着火煤上仓			

4.35 水淹冲洗水泵房应急处置卡

响应程序	情形（现象）	处置措施	责任人
发现	冲洗水泵房内积水漫出排污泵坑	（1）检查排污泵运行情况，启动排污泵运行，监视水位变化；	燃料副值
		（2）向燃料主值班员或值长汇报	燃料主值
先期处置	值长接到汇报后	命令燃料主值核查积水原因	值长
	冲洗水管道泄漏	（1）停止冲洗水泵运行；（2）联系维护处理	燃料副值
	灰场喷洒水管道泄漏	（1）停止灰场喷洒泵运行；（2）联系维护处理	脱硫副值
	消防水管道泄漏	隔离卸煤沟消防水	燃料副值
	雨水倒灌	在所有汽车卸煤沟入口摆放防汛沙袋	消防救援组
汇报	冲洗水泵房内水位持续上升，或进水点无法隔离	向发电部、HSE 部、生技部主任及主管生产和燃料的公司领导汇报，申请启动应急预案	值长
应急响应	积水水位持续上涨，淹没冲洗水泵就地控制箱	（1）接临时潜水泵，进行抽水；（2）排污泵控制箱淹没前，保持持续运行；（3）停止冲洗水泵房所有设备电源	运行控制组

续表

响应程序	情形（现象）	处置措施	责任人
应急响应	积水水位持续上涨，淹没冲洗水泵就地控制箱	搜救受困人员	消防救援组
		冲洗水泵坑入口拉设警戒带，杜绝人员进入，防止发生人身溺水事故	警戒疏散组
应急结束	积水全部排出	下令应急结束，各应急队伍恢复现场和正常的生产秩序，水淹设备待绝缘合格后方可恢复送电运行	应急指挥部

注意事项
（1）进入事故现场必须穿高腰绝缘鞋，应急抢险人员带照明工具。 （2）任何情况下进入危险区人员应该为 2 人以上。 （3）对积水区域地形不熟悉的人员禁止进入

4.36 水淹火车卸煤沟应急处置卡

响应程序	情形（现象）	处置措施	责任人
发现	火车卸煤沟积水漫出排污泵坑	（1）检查排污泵运行情况，启动排污泵运行，监视水位变化； （2）向燃料主值班员汇报	燃料副值
发现	就地人员报告，工业电视查看火车卸煤沟地面积水	（1）立即组织人员查找卸煤沟内进水点； （2）将积水情况和进水原因向值长汇报	燃料主值
先期处置	值长接到汇报后	下令燃料主值穿上高腰胶鞋、戴橡胶手套、带上手电筒赶到现场，查找漏水点，疏散无关人员	值长
先期处置	冲洗水管道漏水	（1）停止冲洗水泵运行； （2）联系维护处理	燃料副值
先期处置	消防水管道泄漏	隔离卸煤沟消防水	燃料副值
先期处置	雨水倒灌	在所有火车卸煤沟入口摆放防汛沙袋	物业抢险队
汇报	卸煤沟内水位持续上升至排污泵电机位置或冒水点无法隔离	向发电部、HSE部、生技部主任及主管生产和燃料的公司领导汇报，申请启动应急预案	值长
应急响应	漏水严重，积水上升15cm	（1）接临时潜水泵，进行抽水；	运行控制组

149

续表

响应 程序	情形（现象）	处置措施	责任人
应急 响应	漏水严重，积水上升 15cm	（2）排污泵控制箱淹没前，保持持续运行； （3）停止火车卸煤沟所有设备电源	运行 控制组
		搜救受困人员	消防 救援组
		在火车卸煤沟各个入口位置设置警戒带，杜绝人员进入，防止发生人身溺水事故	维护 抢修组
	积水倒灌进 1 号转运站最下层	停止 2 号皮带运行，将 1 号转运站内所有设备停电	运行 控制组
	发生人员溺水、触电等人身伤害	进行现场紧急救护，伤员送医	医疗 救护组
应急 结束	积水排出，险情消除	下令应急结束，各应急队伍恢复现场和正常的生产秩序，水淹设备待绝缘合格后方可恢复送电运行	应急 指挥部

注意事项
（1）进入事故现场必须穿高腰绝缘鞋，应急抢险人员带照明工具，防止触电。
（2）任何情况下进入危险区人员应该为 2 人以上。
（3）对积水区域地形不熟悉的人员禁止进入

4.37 水淹汽车卸煤沟应急处置卡

响应程序	情形（现象）	处置措施	责任人
发现	汽车卸煤沟积水漫出排污泵坑	（1）检查排污泵运行情况，启动排污泵运行，监视水位变化； （2）向燃料主值班员汇报	燃料副值
发现	就地人员报告，工业电视查看火车卸煤沟地面积水	（1）立即组织人员查找卸煤沟内进水点； （2）将积水情况和进水原因向值长汇报	燃料主值
先期处置	值长接到汇报后	下令燃料主值穿上高腰胶鞋、戴橡胶手套、带上手电筒赶到现场，查找漏水点，疏散无关人员	值长
先期处置	冲洗水管道漏水	（1）停止冲洗水泵运行； （2）联系维护处理	燃料副值
先期处置	消防水管道泄漏	隔离卸煤沟消防水	燃料副值
先期处置	雨水倒灌	汽车卸煤沟入口摆放防汛沙袋	物业抢险队
汇报	卸煤沟内水位持续上升至排污泵电机位置或冒水点无法隔离	（1）向发电部、HSE部、生技部主任及主管生产和燃料的公司领导汇报，申请启动应急预案； （2）应急指挥部启动前，全权指挥现场应急处置	值长

151

响应程序	情形（现象）	处置措施	责任人
应急响应	漏水严重，积水15cm	（1）接临时潜水泵，进行抽水； （2）排污泵控制箱淹没前，保持持续运行； （3）停止汽车卸煤沟所有设备电源	运行控制组
		搜救受困人员	消防救援组
		在各个入口位置设置警戒带，杜绝人员进入	维护抢修组
	积水倒灌入0号转运站底层	停止0号转运站所有设备，并停电	运行控制组
	积水倒灌入1号转运站	停运2号皮带机，将1号转运站内所有设备停电	
	发生人员溺水、触电等人身伤害	进行现场紧急救护，受伤人员送医	医疗救护组
应急结束	积水排出，险情消除	下令应急结束，各应急队伍恢复现场和正常的生产秩序，水淹设备待绝缘合格后方可恢复送电运行	应急指挥部
注意事项 （1）进入事故现场必须穿高腰绝缘鞋，应急抢险人员带照明工具，防止触电。 （2）任何情况下进入危险区人员应该为2人以上。 （3）对积水区域地形不熟悉的人员禁止进入			

4.38 联氨系统泄漏应急处置卡

响应程序	情形（现象）	处置措施	责任人
发现	发现漏点或闻到刺鼻气味	向值长、化学主值汇报	就地人员
先期处置	接到汇报	命令化学主值到现场确认联氨泄漏情况	值长
	小量泄漏	隔离泄漏源	化学副值
		（1）用沙土或其他不燃材料吸附后清理；（2）或用大量水冲洗，稀释后排入废水系统	化学维护人员
	大量泄漏	迅速撤离泄漏污染区人员至安全区，并进行隔离警戒	
汇报	泄漏较多	向发电部、HSE部、生技部主任及公司生产领导汇报，申请启动应急预案	值长
应急响应	抢险人员到位	构筑围堤或挖坑收容	消防救援组
		用泵转移至槽车或专用收集器内，回收或运至废物处理场所处置	维护抢修组
		进行警戒疏散	警戒疏散组

响应 程序	情形（现象）	处置措施	责任人
应急 响应	疏散距离超过公司 管理范围	（1）向当地县应急中心、县环保局报警中心、市应急中心、119 指挥中心等请求支援。 报警内容：单位名称、地址、泄漏物质、储存数量、泄漏情况、人员受困及伤亡情况，同时将自己的电话号码和姓名告诉对方，并派人到路口等候。 （2）上级应急预案启动，应听从其指挥；专业队伍到厂后应全力配合	应急办
应急 结束	漏点消除，就地检测无泄漏	下令应急结束，各应急队伍恢复现场和正常的生产秩序	应急 指挥部

注意事项
（1）危险区设好警戒线，并挂好标识牌。
（2）正确佩戴使用自给正压式呼吸器、穿防酸碱工作服等安全防护用具。
（3）设立专人负责清点进出现场抢险人员的人数和名单。
（4）当现场处置无法控制时，应按照现场逃生路线迅速撤出处置现场至安全地点集结，同时清点人数

4.39 盐酸罐泄漏应急处置卡

响应程序	情形（现象）	处置措施	责任人
发现	发现漏点或闻到刺鼻气味	向值长或化学主值汇报	就地人员
先期处置	接到汇报	命令化学主值到现场确认盐酸泄漏情况	值长
	小量泄漏	（1）用砂土、干燥石灰或苏打灰混合后清理； （2）用大量水冲洗，稀释后排入废水系统	化学维护人员
	大量泄漏	迅速撤离泄漏污染区人员至安全区，并进行隔离警戒	
汇报	泄漏较多	向发电部、HSE部、生技部主任及公司生产领导汇报，申请启动应急预案	值长
应急响应	抢险人员到位	构筑围堤或挖坑收容	消防救援组
		用泵转移至槽车或专用收集器内，回收或运至废物处理场所处置	维护抢修组
	疏散距离超过公司管理范围者	（1）向当地县应急中心、县环保局报警中心、市应急中心、119 指挥中心等请求支援。	应急办

响应程序	情形（现象）	处置措施	责任人
应急响应	疏散距离超过公司管理范围者	报警内容：单位名称、地址、泄漏物质、储存数量、泄漏情况、人员受困及伤亡情况，同时将自己的电话号码和姓名告诉对方，并派人到路口等候。 （2）上级应急预案启动，应听从其指挥；专业队伍到厂后应全力配合	应急办
应急结束	漏点消除，检测无泄漏	下令应急结束，各应急队伍恢复现场和正常的生产秩序	应急指挥部
注意事项 （1）危险区应设警戒线，挂标识牌。 （2）进入事故现场必须戴全面罩防护面具、穿防酸碱工作服等安全防护用具。 （3）避免水流冲击浓酸，发生喷溅而灼伤皮肤。 （4）当现场处置无法控制时，应按照现场逃生路线迅速撤出处置现场至安全地点集结，同时清点人数，等待后续救援处理			

4.40 硫酸系统泄漏应急处置卡

响应程序	情形（现象）	处置措施	责任人
发现	发现漏点或闻到刺鼻气味	发现硫酸系统泄漏等异常情况，向值长、化学主值汇报	就地人员
先期处置	接到汇报	命令化学主值到现场确认硫酸泄漏情况	值长
	小量泄漏	隔离泄漏源，防止流入下水道	化学副值
		（1）用沙土、干燥石灰或苏打灰混合后清理；（2）或用大量水冲洗，稀释后排入废水系统	化学维护人员
	大量泄漏	迅速撤离泄漏污染区人员至安全区，并进行隔离，严格限制出入	
汇报	泄漏较多	向发电部、HSE部、生技部主任及公司生产领导汇报，申请启动应急预案	值长
应急响应	抢险人员到位	构筑围堤或挖坑收容	消防救援组
		用泵转移至槽车或专用收集器内，回收或运至废物处理场所处置	维护抢修组

响应程序	情形（现象）	处置措施	责任人
应急响应	疏散距离超过公司管理范围者	（1）向当地县应急中心、县环保局报警中心、市应急中心、119指挥中心等请求支援。 报警内容：单位名称、地址、泄漏物质、储存数量、泄漏情况、人员受困及伤亡情况，同时将自己的电话号码和姓名告诉对方，并派人到路口引导。 （2）上级应急预案启动，应听从其指挥；专业队伍到厂后应全力配合	应急办
应急结束	漏点消除，就地检测无泄漏	下令应急结束，各应急队伍恢复现场和正常的生产秩序	应急指挥部

注意事项
（1）危险区设好警戒线，并挂好标识牌。
（2）正确佩戴使用自给正压式呼吸器、穿防酸碱工作服等安全防护用具。
（3）远离火种、热源，泄漏区域严禁吸烟。
（4）避免水流冲击物品，以免遇水会放出大量的热量发生喷溅灼伤皮肤。
（5）当现场处置无法控制时，应按照现场逃生路线迅速撤出处置现场至安全地点集结，同时清点人数，等待后续救援处理

4.41 氢氧化钠系统泄漏应急处置卡

响应程序	情形（现象）	处置措施	责任人
发现	发现漏点或闻到刺鼻气味	发现氢氧化钠系统泄漏等异常情况，向值长和化学主值汇报	就地人员
先期处置	接到汇报	命令化学主值到现场确认氢氧化钠泄漏情况	值长
	小量泄漏	隔离泄漏源，防止流入下水道	化学副值
		（1）用沙土混合吸收后进行清理； （2）或用大量水冲洗，稀释后排入废水系统	化学维护人员
	大量泄漏	迅速撤离泄漏污染区人员至安全区，并进行隔离，严格限制出入	
汇报	泄漏较多	向发电部、HSE部、生技部主任及公司生产领导汇报，申请启动应急预案	值长
应急响应	抢险人员到位	构筑围堤或挖坑收容	消防救援组
		用泵转移至槽车或专用收集器内，回收或运至废物处理场所处置	维护抢修组

响应程序	情形（现象）	处置措施	责任人
应急响应	疏散距离超过公司管理范围者	（1）向当地县应急中心、县环保局报警中心、市应急中心、119指挥中心等请求支援。 报警内容：单位名称、地址、泄漏物质、储存数量、泄漏情况、人员受困及伤亡情况，同时将自己的电话号码和姓名告诉对方，并派人到路口引导。 （2）上级应急预案启动，应听从其指挥；专业队伍到厂后应全力配合	应急办
应急结束	漏点消除，就地检测无泄漏	下令应急结束，各应急队伍恢复现场和正常的生产秩序	应急指挥部

注意事项
（1）危险区设警戒线，挂标识牌。
（2）正确佩戴使用自给正压式呼吸器、穿防酸碱工作服等安全防护用具。
（3）远离火种、热源，泄漏区域严禁吸烟。
（4）避免水流冲击物品，以免遇水会放出大量的热量发生喷溅灼伤皮肤。
（5）当现场处置无法控制时，应按照现场逃生路线迅速撤出处置现场至安全地点集结，同时清点人数，等待后续救援处理

4.42 氢库泄漏及火灾应急处置卡

响应程序	情形（现象）	处置措施	责任人
发现	在线漏氢检测仪浓度大于 1%高值信号报警	向值长汇报	化学主值
	储氢站有烟雾、明火等。	（1）向值长汇报、同时报公司消防队； （2）向发电部、HSE 部、生技部主任及公司生产领导汇报，申请启动应急预案	就地人员
先期处置	接到报警	命令化学主值到现场确认	值长
	氢气发生大量泄漏或集聚	（1）切断气源，并迅速撤离泄漏污染区人员至上风处； （2）在确保自身安全前提下，疏散无关的人员至安全地带； （3）对泄漏污染区进行通风，对已泄漏的氢气进行稀释，若不能及时切断时，应采用蒸汽进行稀释，防止氢气积聚形成爆炸性气体混合物	化学副值
	氢库着火	（1）切断气源，若不能立即切断气源，不得熄灭正在燃烧的气体，并用水强制冷却着火设备；	消防救援组

响应 程序	情形（现象）	处置措施	责任人
先期 处置	氢库着火	（2）保持氢气系统正压状态，防止氢气系统发生回火； （3）用消防水雾喷射其他引燃物质和相邻设备	消防救援组
	着火严重，可能发生爆炸	应卧倒匍匐按疏散路线经安全出口撤离现场	
汇报	氢库着火无法扑灭	向发电部、HSE部、生技部主任及公司生产领导汇报，申请启动应急预案	值长
应急 响应	火势较大	（1）向当地县应急中心、县环保局报警中心、市应急中心、119指挥中心等请求支援。 报警内容：单位名称、地址、泄漏物质、储存数量、泄漏情况、人员受困及伤亡情况，将电话号码和姓名告诉对方，派人到路口等候。 （2）上级应急预案启动，应听从其指挥；专业队伍到厂后应全力配合	应急办
应急 结束	火灾消除	下令应急结束，应急队伍恢复现场和生产秩序	应急指挥部

响应程序	情形（现象）	处置措施	责任人
注意事项			

注意事项

（1）氢火焰肉眼不易觉察，抢险人员应佩戴正压式呼吸器、穿防静电服进入现场，注意防止皮肤烧伤。

（2）应急救援结束后全面检查、确认现场无火灾隐患和建筑物坍塌隐患。

（3）高浓度氢气会使人窒息，应及时将窒息人员移至良好通风处，进行人工呼吸，并迅速就医。

（4）当未切断气源时，应加强正在燃烧的和与其相邻的储瓶及有关管道的冷却，将火控制在一定范围内，让其稳定燃烧。

（5）当现场处置火灾无法控制时，应按照现场逃生路线迅速撤出处置现场至安全地点集结，同时清点人数，等待后续救援处理

4.43 液氨库区泄漏应急处置卡

响应程序	情形（现象）	处置措施	责任人
发现	就地有刺激性气味，冒白雾，有漏气声，就地检漏仪报警、火警鸣叫	（1）立即远离泄漏点，撤离至安全位置，观察泄漏情况，有无被困人员； （2）向值长汇报	就地人员
	DCS氨气泄漏检测装置报警，集控室消防主机发火灾报警，液氨流量异常	（1）核对泄漏情况，分析泄漏地点和泄漏速度； （2）查找泄漏点，盘上隔离泄漏设备； （3）启动喷淋装置，稀释压制氨气； （4）启动电动消防泵； （5）向值长汇报，同时报公司消防队	集控主值
先期处置	接到汇报后	（1）命令2名集控巡操员现场检查； （2）命令消防队赶往现场； （3）通知外委单位管理人员，赶往现场； （4）及时拨打急救中心电话120，由医务人员进行现场抢救伤员的工作； （5）命令保安队在电厂1、3号门岗安排专人接急救车入厂并带领至受伤人员所在区域； （6）命令维护人员现场检查，并做好抢修堵漏准备	值长

续表

响应 程序	情形（现象）	处置措施	责任人
先期 处置	接到命令后	（1）佩戴正压呼吸器、防护服、防冻手套，携带检漏仪和专用工具赶到现场，查看泄漏地点、泄漏量、喷淋启动、有无人员受困等情况。如有人员受到危害，应首先救助人员。 （2）通知周边人员撤离，停电源、火源。 （3）检查废水泵运行正常。 （4）隔离漏点。 （5）向值长汇报现场检查情况	集控 巡操员
汇报	氨区外检测氨浓度达 5ppm，泄漏点无法隔离	向发电部、维护部、HSE部、生技部主任及公司领导汇报，申请启动应急预案	值长
应急 响应	罐体泄漏或相连管道泄漏无法隔离	现场应急指挥人员、抢险人员、消防队、警戒疏散人员穿戴防护用品、携带专用工具立即赶往现场	各抢险 队伍
		启动电动消防泵，用消防车和消防炮进行压制和稀释，控制氨气扩散，做好灭火准备	消防救 援组
		（1）根据漏点情况，进行倒罐操作；	运行 控制组

响应程序	情形（现象）	处置措施	责任人
应急响应	罐体泄漏或相连管道泄漏无法隔离	（2）氨供应不足无法维持脱硝需求，申请停机	运行控制组
		区域警戒，疏散灰库、脱硫楼、燃料楼、氨站区域全部人员	警戒疏散组
		抢险人员穿戴防化服和正压式呼吸器，在消防水幕的掩护下，对漏点堵漏	维护抢修组
		堵漏失败，河南九龙通知液氨罐车空车来公司	河南九龙经理
		（1）将液氨倒至槽车；（2）用氮气置换漏点关联设备	运行控制组
	罐车泄漏	停止液氨倒至槽车，关闭槽车、管道阀门，将氨车拖到安全区	运行值班员
	泄漏无法控制时，疏散距离超过公司管理范围	（1）向当地县应急中心、县环保局报警中心、市应急中心、119指挥中心等请求支援。报警内容：单位名称、地址、泄漏物质、液氨储量、泄漏情况、人员受困及伤亡情况，同时将自己的电话号码和姓名告诉对方。	应急办

续表

响应程序	情形（现象）	处置措施	责任人
应急响应	泄漏无法控制时，疏散距离超过公司管理范围	（2）上级应急预案启动，应听从其指挥；专业队伍到厂后应全力配合	应急办
应急结束	漏点消除，检测无泄漏	下令应急结束，各应急队伍恢复现场和正常的生产秩序	应急指挥部

注意事项

（1）进入事故现场及存在液氨中毒可能区域，必须佩戴正压式空气呼吸器，应急抢险人员佩戴防毒面具。任何情况下进入危险区人员应该为 2 人。

（2）可能接触液氨的检修人员必须穿好防护服、戴防冻手套。

（3）人员疏散应根据风向标指示，撤离至上风口的紧急集合点，并清点人数。

（4）如有施工人员疏散时，应检查关闭火源、切断电源。

（5）抢修过程中使用铜质工具或涂黄油的工具，避免产生火花。

（6）泄漏区域禁止携带火种、通信工具等

4.44　液氨库区火灾应急处置卡

响应程序	情形（现象）	处置措施	责任人
发现	有刺激性气味，冒黑雾，有火光，火警报警	（1）确认氨区着火，尽快撤离至安全区域； （2）向值长汇报。 汇报内容:具体起火部位、燃烧物质、有无被困人员、有无氨泄漏、火势情况、报警人的姓名、电话号码等	就地人员
	集控室消防主机发火灾报警	（1）向值长汇报； （2）集控室远程打开氨区所有消防喷淋装置	集控主值
先期处置	接到汇报后	（1）命令消防队立即赶往现场扑救，搜救被困人员； （2）命令 2 名集控巡操员现场配合集控主值，隔离氨气泄漏点； （3）通知保安队赶往现场，紧急疏散警戒； （4）若因氨泄漏引起的起火，则通知维护人员现场检查，并做好抢修堵漏准备； （5）向发电部、HSE 部、生技部、环保主任及发电公司总经理汇报	值长
	接到命令	（1）氨气泄漏起火，应佩戴正压呼吸器、重型防护服、防冻手套，携带便携式	集控巡操员

响应程序	情形（现象）	处置措施	责任人
先期处置	接到命令	氨泄漏检测仪和专用工具赶到现场。 （2）查看起火情况、氨气泄漏地点、泄漏量、消防喷淋启动情况、废水泵运行情况、有无人员被困等。如有人员受到危害，应首先救助人员。 （3）配合集控主值，隔离氨漏点。 （4）及时向值长报告氨泄漏部位排查、隔离、灭火的情况	集控巡操员
		若非氨泄漏引起的着火，及时向集控主值报告灭火情况	
	接到火警后	（1）指令2辆消防车及消防人员赶赴氨区，执行灭火、救援任务； （2）使用氨区4台消防炮灭火并喷淋稀释扩散的氨气； （3）消防人员利用消防炮的掩护，执行救援任务； （4）若有液氨泄漏，则用灭火器扑灭明火	消防救援组
	接到值长命令后	（1）立即佩戴防护用品赶赴氨区上风向处；	警戒疏散组

169

响应程序	情形（现象）	处置措施	责任人
先期处置	接到值长命令后	（2）执行氨区警戒疏散任务； （3）安排专人 5min 内到达电厂 1、3 号门岗处引领救护车	警戒疏散组
	维护接到值长通知后	（1）立即带上堵漏工具、佩戴防护用品赶赴氨区上风向处； （2）运行人员隔离氨漏点后，立即开展堵漏抢修工作	维护人员
	接到值长通知后	（1）立即佩戴防护用品赶赴氨区上风向处； （2）为运行、维护消除漏点工作提供技术支持	外委单位经理
汇报	明火已扑灭，液氨泄漏点无法隔离	向发电部、维护部、HSE部、生技部主任及公司领导汇报，申请启动应急预案	值长
应急响应	各抢险小组到位	按照液氨库区泄漏应急响应处理	应急指挥部
应急结束	漏点消除，就地检测无泄漏	下令应急结束，各应急队伍恢复现场和正常的生产秩序	应急指挥部

注意事项

（1）进入事故现场及可能液氨中毒区域，必须佩戴防毒面具，应急抢险人员佩戴正压式空气呼吸器及重型防护服；任何情况下进入危险区人员应该为 2 人。

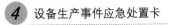

响应程序	情形（现象）	处置措施	责任人
	（2）可能接触液氨的检修人员必须穿好防护服，戴正压式空气呼吸器、防冻手套等。 （3）人员疏散应根据风向标指示，撤离至上风口的紧急集合点，并清点人数。 （4）如有施工人员疏散时，应检查关闭火源，切断电源。 （5）抢修过程中使用铜质工具或涂黄油的工具，避免产生火花。 （6）泄漏区域禁止携带火种、非防爆通信工具等		

4.45 液氨库区爆炸应急处置卡

响应程序	情形（现象）	处置措施	责任人
发现	有爆炸声、刺激性气味，冒白雾，有火光，就地检漏仪、火警报警	（1）确认氨区发生爆炸，向上风向撤离到厂外安全位置。 （2）立即向值长或集控主值汇报。 汇报内容:氨区爆炸情况，上风向、爆炸部位、有无被困人员、报警人的姓名、电话号码等	就地人员
先期处置	值长接到报警后	（1）通知发电部、HSE部、维护部、生技部、综合部、燃料部、计划财务部、人力资源部、监察部、审计部、政工部、市场营销部、环保、物业、电力检修公司、维护公司等各部门、各外委单位主任及发电公司总经理:氨区发生爆炸，全厂人员立即往上风向紧急疏散逃生至厂外安全位置。 （2）向当地县应急中心、县环保局报警中心、市应急中心、120、119指挥中心等请求支援，同时请政府部门紧急疏散电厂周围村庄所有人员。	值长

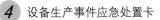

设备生产事件应急处置卡

续表

响应程序	情形（现象）	处置措施	责任人
先期处置	值长接到报警后	报警内容：单位名称、地址、泄漏物质、液氨储量、爆炸情况、报警时的上风向、人员疏散、受困及伤亡情况，同时将自己的电话号码和姓名告诉对方	值长
	各部门、各外委单位主任接收值长通知后	（1）组织员工有序地往上风向紧急疏散逃生至厂外安全位置；（2）组织与本部门/单位有业务往来的、目前正在厂区的所有人员与本部门/单位人员一同往上风向紧急疏散逃生至厂外安全位置	警戒疏散组
	接到紧急疏散命令后	立即停止一切工作，按照本部门/单位主任规定的安全路线有序地往上风向紧急疏散逃生至厂外安全位置	厂区所有人员
汇报	氨区发生爆炸，已经组织人员疏散	向发电部、维护部、HSE部、生技部主任及公司领导汇报，申请启动应急预案	值长
应急响应	应急指挥部成立后	（1）命令各抢险救援队伍在厂外安全位置集合。（2）上级应急预案启动后，应听从其指挥；专业队伍到厂后，应全力配合	应急办

173

响应程序	情形（现象）	处置措施	责任人
应急结束	氨区爆炸隐患全部消除，就地检测无氨泄漏	下令应急结束，各应急队伍恢复现场和正常的生产秩序	应急指挥部

注意事项

（1）进入事故现场及可能液氨中毒区域必须佩戴防毒面具，应急抢险人员佩戴正压式空气呼吸器及重型防护服；任何情况下进入危险区人员应该为2人。

（2）可能接触液氨的检修人员必须穿好防护服，戴正压式空气呼吸器、防冻手套等。

（3）人员疏散应根据风向标指示，撤离至上风口的紧急集合点，并清点人数。

（4）如有施工人员疏散时，应检查关闭火源，切断电源。

（5）抢修过程中使用铜质工具或涂黄油的工具，避免产生火花。

（6）氨区发生爆炸后，禁止所有非专业抢险人员进入氨区

4.46 脱硫塔火灾应急处置卡

响应程序	情形（现象）	处置措施	责任人
发现	刺激性气味、冒黑雾、有火光	（1）确认吸收塔已着火。 （2）在保证自身安全前提下，利用最近的消防器材扑灭初期火灾，解救受困人员。 （3）向值长汇报，同时报公司消防队。 汇报内容：吸收塔具体起火部位、燃烧物质、有无被困人员、有无爆炸和毒气泄漏、火势情况、报警人的姓名、电话号码等	就地人员
先期处置	接到汇报后	（1）命令消防队赶赴着火部位灭火，救援被困人员。 （2）报 119 火警，请求支援。 报警内容：单位名称、地址、吸收塔具体起火部位、燃烧物质、有无被困人员、有无爆炸和毒气泄漏、火势情况、报警人的姓名、电话号码等。 （3）命令脱硫主值在 DCS 上采取远方可操作的技术措施，快速控制事态恶化，随时汇报现场情况。 （4）拨打急救中心电话 120，由医务人员进行现场抢救伤员的工作。	值长

响应程序	情形（现象）	处置措施	责任人
先期处置	接到汇报后	（5）命令保安队在 1、3 号门岗安排专人接消防车/急救车入厂并带领至脱硫吸收塔区域	值长
	接到值长命令后	立即出警，2 台消防车及消防人员马上赶赴着火现场执行灭火、救援任务	消防队
	值长命令后	（1）若吸收塔除雾器着火，派脱硫巡操人员就地确认着火的除雾器层数，手动启动对应着火层数的所有冲洗水电动门及除雾器冲洗水总门。（2）若吸收塔喷淋层防腐材料着火，立即手动启动吸收塔除雾器最下层的所有冲洗水电动门及除雾器冲洗水总门，并派脱硫巡操人员就地确认火势情况（若着火吸收塔循环泵具备启动条件，则启动着火吸收塔浆液循环泵）。（3）停止另一台吸收塔除雾器冲洗工作，并解除其除雾器自动冲洗程序。（4）及时向值长汇报已采取的措施及现场灭火救援情况	脱硫主值

续表

响应 程序	情形（现象）	处置措施	责任人
先期 处置	接到脱硫主值命令后	（1）立即携带对讲机、戴防护面具，1 名巡操人员到脱硫综合楼 4 楼顶部平台安全区域、1 名巡操人员到脱硫吸收塔与烟囱之间安全区域（零米），共同确认吸收塔着火具体部位。 （2）及时向脱硫主值汇报着火部位及现场灭火救援情况	脱硫巡操人员
	接到值长命令后	（1）安排专人 5min 内到达电厂 1、3 号门岗处。 （2）消防车/急救车到达厂门口后立即放行，不得阻拦。由专人将车辆接入厂并带领至脱硫吸收塔区域	警戒疏散组
汇报	脱硫塔着火	向发电部、HSE 部、生技部、环保主任及发电公司总经理汇报	值长
应急 响应	各抢险救援队伍在接到应急指挥部的命令后	（1）各抢险人员、警戒疏散人员、保卫人员等穿戴防护用品、携带专用工具立即赶往现场； （2）听从应急指挥长的命令	外委单位经理
	火灾无法控制时	（1）火灾无法控制时，向当地县应急中心、市应急中心请求支援。	应急办

响应程序	情形（现象）	处置措施	责任人
应急响应	火灾无法控制时	（2）上级应急预案启动，应听从其指挥；专业队伍到厂后应全力配合	应急办
应急结束	火灾扑灭，吸收塔遗留火灾隐患全部排除后	（1）由应急指挥部下令应急结束，各应急队伍恢复现场和正常的生产秩序。 （2）现场保卫组负责保护事故现场，设置警示标志，防止无关人员进入，以便有关部门人员进行事故调查	应急指挥部

注意事项
（1）火灾第一知情人必须保持冷静，正确、清楚地汇报火情；
（2）火灾事故的应急救援工作危险性很大，必须对应急人员自身的安全问题进行周密的考虑，防止被火烧伤、气体中毒、窒息，保证应急人员免受火灾事故的伤害

4.47　事故浆液系统泄漏应急处置卡

响应程序	情形（现象）	处置措施	责任人
发现	有浆液自事故浆液罐流出	（1）确认事故浆液罐泄漏部位，撤离至安全位置； （2）向脱硫主值汇报泄漏情况：泄漏具体部位、泄漏量、泄漏速度等； （3）如有人员被浆液淋到，则帮助被淋人员用清水冲洗与浆液接触部位	就地人员
先期处置	脱硫主值接到汇报后	（1）安排 2 名脱硫巡检人员到现场查看泄漏情况； （2）通知脱硫维护值班员到现场查看泄漏情况并处理漏点； （3）视脱硫吸收塔浆液品质及液位，在不影响环保达标排放及吸收塔正常液位的情况下，将事故浆液箱的浆液打回吸收塔； （4）向脱硫运行、检修、外委环保公司安环主管汇报	脱硫主值
	接到脱硫主值命令后	（1）立即赶往现场查看事故浆液罐泄漏情况，并及时向脱硫主值汇报； （2）做好处理漏点工作票的安全措施	脱硫运行值班员

179

响应程序	情形（现象）	处置措施	责任人
先期处置	接到脱硫主值通知后	（1）立即赶往现场查看事故浆液箱泄漏情况； （2）抢修漏点	脱硫维护值班员
	脱硫运行、检修、安环主管接到脱硫主值汇报后	（1）赶往现场查看泄漏情况； （2）指导监督脱硫运行、维护人员处理缺陷	脱硫运行、检修、安环主管
汇报	事故浆液箱漏点无法处理时	脱硫运行主值向外委环保项目经理汇报	脱硫主值
应急响应	现场大量漏浆	警戒疏散	警戒疏散组
应急结束	漏点消缺完成，泄漏浆液打扫后	下令应急结束，各应急队伍恢复现场和正常的生产秩序	应急指挥部

注意事项
（1）皮肤接触浆液后应马上用清水冲洗接触部位。
（2）打扫泄漏浆液时禁止冲向雨水井，应冲至吸收塔地沟，防止浆液造成二次污染，减少浆液浪费。
（3）打扫泄漏浆液时应与脱硫运行值班员保持联系，注意冲洗水量的控制，防止吸收塔集水坑及吸收塔溢流

4.48 水淹生活水、消防水泵房应急处置卡

响应程序	情形（现象）	处置措施	责任人
发现	电视监控发现异常	从监控画面发现生活水、消防水泵房地面积水严重，报告化学主值及值长	运行值班员
	生消泵房坑内地面积水严重	将积水情况向值长汇报，同时报告公司消防队	就地人员
先期处置	接到报警	安排运行人员到现场确认	值长
		（1）根据泵房进水部位及情况，手动启排污泵排水；（2）做好消防稳压泵、生活水泵等设备运行方式的调整和水淹设备的电气隔离，采取相关防护措施	运行值班员
	雨水倒灌	立即用沙袋对进水点临时封堵	
	管道及法兰泄漏	进行系统隔离或设备切换，运行方式无法调整时，向值长汇报	
		立即通知维护人员现场堵漏	值长
	排污泵不打水	架设潜水泵进行抽水	运行值班员
汇报	水位持续上涨	向发电部、HSE部、生技部主任及公司生产领导汇报，申请启动应急预案	值长

续表

响应程序	情形（现象）	处置措施	责任人
应急响应	水位上涨至 200mm	增设潜水泵打水	维护抢修组
应急结束	险情消除	下令应急结束，各应急队伍恢复现场和正常的生产秩序	应急指挥部

注意事项
（1）应急处置时注意防止人员触电、滑倒、摔伤等；
（2）泵坑内积水短时间排不掉，应防止雨水倒灌；
（3）潜水泵接线应接在专用检修箱，并使用防爆插头，不得有裸露部分，防止人员触电；
（4）结束后应及时对电气设备进行烘干，尽快恢复设备运行；
（5）抢险现场，必须穿绝缘雨靴，防止触电事故发生

4.49　信息机房火灾应急处置卡

响应 程序	情形（现象）	处置措施	责任人
发现	信息机房出现明火，门窗有烟雾冒出	（1）向值长汇报，同时报告公司消防队； （2）在保证自身安全前提下，检查火灾发生区域有无人员受伤，撤离无关人员，扑灭初期火灾	就地人员
	集控室消防主控台发出信息，机房烟感声光报警信号	向值长汇报	集控主值
先期处置	接到汇报	（1）组织集控巡操员就地核查确认； （2）命令消防队赶往现场； （3）通知生技部主任及公司领导	值长
	电缆或盘柜火灾	利用二氧化碳灭火器进行初期扑救	消防救援组
	其他可燃物火灾	用干粉灭火器扑灭初期火灾	巡检人员
汇报	火势较大短时间无法扑灭	向值长汇报现场情况	巡检人员
		向 HSE 部、生技部主任及公司领导汇报	值长
应急响应	机房门打不开	对机房东侧窗户或门进行破拆	消防救援组

响应 程序	情形（现象）	处置措施	责任人
应急 响应	火势（有毒烟雾） 较大危及集控楼	（1）开展灭火行动； （2）机房机柜电源停电，用消防水灭火； （3）关闭防火卷帘，对集控室门进行封闭	消防 救援组
		立即疏散集控楼人员（除集控值班员）	警戒 疏散组
	有人员受伤	进行紧急救护	医疗 救护组
	火灾无法扑灭	（1）向当地县应急中心、市应急中心、119 指挥中心等请求支援。 报警内容：单位名称、地址、着火物质、火势大小、人员受困及伤亡情况，同时将自己的电话号码和姓名告诉对方。 （2）上级应急预案启动，应听从其指挥；专业队伍到厂后应全力配合	应急办
应急 结束	火灾扑灭	下令应急结束，生产技术部组织恢复现场和正常的生产秩序	应急 指挥部
注意事项 （1）应急处置时注意防止中毒、窒息、触电、烧烫伤。 （2）进入火场必须正确佩戴使用正压式呼吸器、隔热服、隔热手套、绝缘靴等安全防护用具。			

续表

响应程序	情形（现象）	处置措施	责任人
		（3）不熟悉现场情况和灭火方法的人员不得盲目进入机房。 （4）应急救援结束后要全面检查，确认现场无火灾隐患和建筑物坍塌的隐患。 （5）机房未停电时，不得使用消防水灭火	

4.50 通信机房火灾应急处置卡

响应程序	情形（现象）	处置措施	责任人
发现	火灾报警，冒烟、有烧焦气味溢出	（1）在保证自身安全前提下，检查火灾发生区域有无人员受伤，撤离无关人员，扑灭初期火灾； （2）向值长汇报	就地人员
	集控室消防监控报警	向值长汇报	集控副值
先期处置	接到汇报	（1）命令集控巡操员现场检查核实情况； （2）命令消防队赶往现场； （3）通知维护部电气二次班； （4）向发电部、维护部、HSE部、生技部主任及公司领导汇报，申请启动应急预案	值长
	机柜电源着火	（1）断开有故障的一路电源，进行隔离； （2）通知值长联系调度，做好通信设备故障的事故预想	电气二次班人员
	机柜着火	切断机柜或机房电源，关闭空调，严禁开窗	电气二次值班人员
汇报	火灾不能马上扑灭	向网调、省调、上级公司调度室，发电部、维护部、HSE部、生技部主任及公司领导汇报	值长

续表

响应 程序	情形（现象）	处置措施	责任人
应急 响应	机房门打不开	对机房东侧窗户或门进行破拆	消防 救援组
	火势较大	开展灭火行动	
	着火危及集控楼	（1）机房机柜电源停电，用消防水灭火； （2）关闭防火卷帘，对集控室门进行封闭	消防 救援组
		立即疏散集控楼人员（除集控值班员）	警戒 疏散组
	有人员受伤	进行紧急救护	医疗 救护组
	火灾无法扑灭	（1）向当地县应急中心、市应急中心、119 指挥中心等请求支援。 报警内容：单位、地址、着火物质、火势大小、人员受困及伤亡情况，同时将自己的电话号码和姓名告诉对方。 （2）上级应急预案启动，应听从其指挥；专业队伍到厂后应全力配合	应急办
应急 结束	着火熄灭	下令应急结束，生产技术部组织恢复现场和正常的生产秩序	应急 指挥部

187

响应程序	情形（现象）	处置措施	责任人
注意事项 （1）应急处置时注意防止中毒、窒息、触电、烫伤。 （2）进入火场必须正确佩戴使用正压式呼吸器、隔热服、隔热手套、绝缘靴等安全防护用具。 （3）不熟悉现场情况和灭火方法的人员，不得盲目进入机房。 （4）应急救援结束后要全面检查，确认现场无火灾隐患和建筑物坍塌的隐患。 （5）机房未停电时，不得使用消防水灭火			

4.51 电梯故障（人员被困）应急处置卡

响应程序	情形（现象）	处置措施	责任人
发现	电梯轿厢门不能自动打开	（1）按轿厢内报警器（内置无线电话），直接接通电梯维修人员电话进行报警； （2）如果报警器故障，用手机拨打管理人员电话（轿厢内有粘贴有管理人员电话）	乘坐人员
先期处置	电梯维保人员到位后	通过与轿厢内被困乘客的通话，以及通过与现场其他相关人员的询问或与监控中心的信息沟通等渠道，初步确定轿厢的大致位置	电梯维修人员
先期处置	轿厢不在开门区	仔细确认电梯轿厢确切位置，至顶层控制柜，用应急救援装置将轿厢移动至开门区	电梯维修人员
先期处置	轿厢在开门区	用电梯专用层门开锁钥匙打开层门，引导人员出电梯	电梯维修人员
应急响应	有人员伤亡	进行紧急救护	医疗救护组
应急响应	有人员伤亡	向维护部综合班，HSE 部主任报告	生产技术部电梯管理人员

响应程序	情形（现象）	处置措施	责任人
应急结束	人员救出	人员救出后，电梯维护人员在电梯门口放置"电梯故障，正在检修"提示牌，并立即进行检修，直到电梯正常运行	电梯维修人员
注意事项 （1）告知电梯轿厢内的人员：救援活动已经开始，提示电梯轿厢内的人员配合救援活动，不要扒门，不要试图离开轿厢。 （2）非电梯维修人员请勿擅自操作			

4.52 火车煤沟堵塞事件应急处置卡

响应程序	情形（现象）	处置措施	责任人
发现	火车煤沟粘煤堵塞，不能进行接卸	向发电部燃料主值、燃料部煤场值班员报告	就地人员
先期处置	煤位高出火车沟煤箅子，输煤皮带跑空，火车沟燃煤供应中断	（1）向值长、燃料部主任汇报； （2）到火车煤沟现场检查； （3）报告燃料部计划员现场情况，要求停止火车运输进煤	燃料部煤场值班员
		（1）联系汽运煤供应商及承运商，要求及时装煤车至×号门待命，将装车及运输情况反馈给燃料部煤场值班员； （2）联系驻矿监装人员准备对汽车运煤进行监装、监运、接卸	燃料部计划员
		（1）联系质检部汽车衡值班员、采样值班员，做好汽运煤接卸准备； （2）通知燃料主值现场查看，做好启动设备配合进行疏通的准备； （3）通知物业煤沟疏通人员现场检查，并做好疏通准备	燃料部煤场值班员

续表

响应程序	情形（现象）	处置措施	责任人
先期处置	煤位高出火车沟煤箅子，输煤皮带跑空，火车沟燃煤供应中断	（1）火车煤沟疏通人员佩戴防尘呼吸器、手套，携带强光手电筒和专用工具赶到现场，查看粘黏堵塞情况，对堵塞位置进行疏通；（2）疏通人员在煤箅子上作业必须铺设防护板，防止踏空伤人情况发生	诚翔物业疏通人员
		燃料运行做好从煤场、汽车沟上煤准备，保证锅炉燃烧用煤	发电部燃料主管
汇报	火车煤沟堵塞 8h 内无法消除	向发电部、燃料部主任及公司领导汇报，申请启动应急预案	燃料部煤场值班员
应急响应	超过 24h 不能进行疏通或厂外重车增加超过 100 车	聘请专业疏通队伍，利用爆破或钻井等机械化作业进行疏通	专业疏通施工
		燃料部计划员根据生产实时需求，调配汽运煤到厂量	燃料部计划员
	燃煤供应不足、其他煤源不能及时补充、无法维持机组燃煤正常需求时	申请降低负荷或向网调、省调、上级公司调度室、市环保局申请停运机组	值长
应急结束	火车沟堵塞已经疏通，正常接卸	下令应急结束，各应急队伍恢复现场和正常生产秩序	应急指挥部

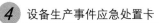

响应 程序	情形（现象）	处置措施	责任人
注意事项 （1）疏通人员在煤箅子上作业时，必须铺设防护板，防止踏空伤人。 （2）佩戴个人防护器具时，注意检查防护用品合格，且在有效检验期内。 （3）发现异常或其他险情，应及时将情况汇报应急指挥部，不能盲目处理			

4.53 汽车煤沟堵塞事件应急处置卡

响应程序	情形（现象）	处置措施	责任人
发现	汽车煤沟粘煤堵塞，不能进行接卸	报告发电部燃料主值	就地人员
先期处置	煤位高出汽车沟煤箅子，输煤皮带跑空，汽车沟燃煤供应中断	（1）向值长、燃料部主任汇报； （2）到汽车煤沟现场检查； （3）报告燃料部计划员现场情况，要求停止汽运进煤	燃料部煤场值班员
		燃料部计划员得到现场汇报后，联系各矿点要求火运煤及时装车待命，并将装车情况反馈给燃料部煤场值班员	燃料部计划员
		（1）联系质检部火车衡值班员、采样值班员做好火运煤接卸准备； （2）通知运行人员现场查看，做好启动设备、配合进行疏通的准备； （3）通知物业煤沟疏通人员现场检查，并做好疏通准备	燃料部煤场值班员
		汽车煤沟疏通人员佩戴防尘呼吸器、手套，携带强光手电筒和专用工具赶到现场，查看粘黏堵塞情况，对堵塞位置进行疏通	物业疏通人员

响应程序	情形（现象）	处置措施	责任人
先期处置	煤位高出汽车沟煤箅子，输煤皮带跑空，汽车沟燃煤供应中断	燃料运行做好从煤场、火车上煤准备，保证锅炉燃烧用煤	发电部燃料主管
汇报	汽车煤沟堵塞短时间无法消除	向发电部、燃料部主任及公司领导汇报，申请启动应急预案	燃料部煤场值班员
应急响应	超过 24 h 不能进行疏通，或厂外重车增加超过 100 车	（1）聘请专业疏通队伍进场进行施工；（2）采用机械化作业进行疏通	专业疏通施工
		根据生产需求，燃料部计划调运人员调配火运煤到厂量	燃料部计划员
	燃煤供应不足、其他煤源不能及时补充、无法维持机组燃煤正常使用需求时	申请降低负荷或向网调、省调、上级公司调度室、市环保局申请停运机组	值长
应急结束	汽车沟堵塞已经疏通，正常接卸	下令应急结束，各应急队伍恢复现场和正常生产秩序	应急指挥部

注意事项
（1）疏通人员在煤箅子上作业必须铺设防护板，防止踏空伤人情况发生。
（2）发现异常或其他险情，应及时汇报应急指挥部，不得盲目处理

4.54 铁路沿线塌方应急处置卡

响应程序	情形（现象）	处置措施	责任人
发现	铁路沿线护坡有碎石滚落、有较大石块或山体松动	（1）立即通知公司火运计划调运员。 （2）向电厂站及相关站点值班员汇报	铁路巡道工
		核实现场情况，向值长、燃料部主任汇报，联系铁运处	火运计划调运员
先期处置	确认危及铁路运行安全	（1）联系燃煤铁运，停止火运煤进厂； （2）通知煤场值班人员，告知现场情况，火运煤中断； （3）联系生技部及土建专工	燃料部主任
		组织相关人员赶赴现场	生技部土建主管
汇报	铁路沿线塌方	向发电部、HSE部主任及公司领导汇报，申请启动应急预案	燃料部主任
应急响应	抢修塌方	携带专用工具立即赶往现场，做好安全防护	专业施工队伍
		组织工程抢险	生技部土建专工

续表

响应 程序	情形（现象）	处置措施	责任人
应急 响应	抢修塌方	上级应急预案启动，应听从其指挥；专业队伍到厂应全力配合	应急 指挥部
应急 结束	塌方消除，火车线路畅通	下令应急结束，各应急队伍恢复现场和正常的生产秩序	应急 指挥部
注意事项 （1）所有进入就地人员应严格执行安规。 （2）可能发生再次塌方地区要设置警戒线，防止二次伤害。 （3）大型机械进入现场时，注意保护铁路专用线及周边、地下各种通信、信号等线路安全			

197

4.55 燃料供应紧缺应急处置卡

响应程序	情形（现象）	处置措施	责任人
发现	（1）铁路、公路运力不足； （2）国家能源政策调整、煤价大幅或频繁波动	（1）针对实际库存煤量适时发出预警，要求对机组负荷作出调整； （2）当本地区煤炭市场供求出现异常波动持续 2 天，可能对公司煤炭供应造成影响时，燃料部应及时以书面形式（传真或电子邮件）向河南公司燃料部报告	计划调运员
先期处置	接到汇报	召开会议研讨形势和对策	燃料委员会
		根据来煤品质变化，加强对锅炉燃烧工况的调整和监控，防止锅炉灭火	值长
	燃煤库存可用天数低于 4 天	应急指挥人员和抢险人员到位	燃料部
	库存煤量低于 3 天	启动Ⅱ级预警程序。做好向省电力公司调度中心申请降低机组出力的准备工作	值长
	煤炭市场供求出现异常波动持续 2 天	向上级燃料主管部门、发电部、生技部主任及公司领导汇报	燃料部主任
		向上级公司汇报，生产调度室同意后，向电网调度提出停 1 台机的申请	值长

响应 程序	情形（现象）	处置措施	责任人
汇报	库存煤量可用天数等于或低于2天	向公司领导和上级主管部门汇报协调，申请启动应急预案	燃料部主任
应急响应	后续来煤供应不上时	（1）对重点矿资源的控制，做好燃料调运的预见性工作，协调重点矿给予理解和大力支持； （2）对周边地区的煤源点库存量进行实地调查，收集散落煤源，组织运力进行抢运，开辟煤源点； （3）燃料应急工作领导小组积极协调铁路、煤矿的供应关系，因价格矛盾时应争取地方政府支持； （4）密切加强与煤矿、铁路系统的联系，做好月度运输计划和补充计划提报工作，争取煤炭供应和运力； （5）做好火车煤接卸工作，避免压车现象的发生； （6）加强驻矿监装催交催运力度，最大限度地保证用煤需要	燃料部主任
		每日向值长汇报日进煤量、实际库存煤量、有效可用存煤量、次日预计汽车进煤量、次日预计火车进煤量；	燃料质检中心统计员

响应 程序	情形（现象）	处置措施	责任人
应急 响应	后续来煤供应不上时	严格监控入厂煤质，严防劣质煤趁势混入公司煤场	燃料监督员
		保证堆取料机等设备的正常运行，确保低库存时正常上煤	燃料主值
	库存煤量可用天数等于或低于1天	向网调、省调、上级公司调度室、市环保局、发电部、HSE部及公司领导汇报，申请停运机组	值长
应急 结束	燃料供应恢复正常	下令应急结束，恢复生产秩序	应急指挥部

注意事项
（1）应急处置时注意防止人员交通事故。
（2）做好掺配煤管理与燃烧调整，防止出现因煤质问题而影响机组出力和发生非停。
（3）加强煤堆测温，防止自燃

4.56 灰库料位高应急处置卡

响应程序	情形（现象）	处置措施	责任人
发现	灰库料位指示超警戒值	报值长，同时报 HSE 部灰库管理	输灰值班员
先期处置	拉灰车辆不到位	通知外委公司增调拉灰车辆	值长
汇报	灰库料位持续升高至 16m	向发电部、HSE 部及公司领导汇报，申请启动应急预案	
应急响应	灰库料位超过 22m	通知物业拉灰	值长
		进行湿排，用拉泥车辆拉灰	物业
	灰库料位超过 23m，真空释放阀间歇性开闭，库顶冒灰	向生产副总经理、总工程师及 HSE 部汇报	值长
		通知燃料部协调拉煤车，协助拉灰	HSE 部主任
		征用运煤车辆协助拉灰	燃料部主任
	灰库料位持续升高、输灰困难	（1）向网调、省调汇报，降低机组负荷，直至停机；（2）灰库料位 25m 输灰困难时停运机组；（3）向网调、省调、上级公司调度室、市环保局及发电部、HSE 部及公司领导汇报	值长

续表

响应 程序	情形（现象）	处置措施	责任人
应急 结束	灰库料位降至20m	下令应急结束，现场恢复 正常的生产秩序	应急 指挥部
注意事项 （1）灰库料位超警戒值时，须及时通知外委公司调运车辆。 （2）灰库料位持续升高，须及时通知公司相关人员。 （3）现场工作须佩戴防尘口罩等			

4.57 渣仓料位高应急处置卡

响应 程序	情形（现象）	处置措施	责任人
发现	渣仓料位指示达警戒值	报值长，报 HSE 部灰库管理人	集控值班员
先期处置	接到汇报后	敦促外委公司增调拉渣车辆	值长
汇报	拉渣车辆未及时到位，渣仓料位持续升高至 3.5m	（1）向发电部、HSE 部及公司领导汇报，申请启动应急预案； （2）通知值班员监视跟踪料位变化	值长
应急响应	渣仓料位持续升高至 4m	通知物业拉渣	值长
		拉泥车辆到位后进行湿排	物业
	渣仓接近满仓，影响斗提机运行	从斗提机入口检查孔处人工手动排渣	维护
		对斗提机入口排出的炉渣组织清运	物业
		人工排渣仍不能满足生产，则报网调、省调降低机组负荷	值长
应急结束	渣仓料位降至正常	下令应急结束，各应急队伍恢复现场和正常的生产秩序	应急指挥部

响应 程序	情形（现象）	处置措施	责任人
注意事项 （1）渣仓料位超警戒值时，须及时通知外委公司调运拉渣车辆。 （2）人工排渣时，须注意防止烫伤。 （3）现场工作须佩戴防尘口罩等			

4.58　石膏库料位高应急处置卡

响应 程序	情形（现象）	处置措施	责任人
发现	石膏库石膏堆积较多	报值长，报 HSE 部灰库管理人	脱硫值班员
先期处置	接到汇报	通知外委公司增调拉石膏车辆	值长
汇报	拉石膏车辆未能到位，石膏堆积距下料口 2m 左右	汇报发电部、HSE 部及公司领导，申请启动应急预案	值长
应急响应	石膏堆积顶部距下料口 1m	通知燃料质检中心铲车和物业拉泥车支援清运石膏	值长
应急响应	石膏堆积顶部接近下料口、两侧电缆桥架受压变形	通知燃料部协调拉煤车支援清运石膏	HSE 部主任
应急响应	石膏堆积顶部接近下料口、两侧电缆桥架受压变形	征用运煤车辆支援清运石膏	燃料部主任
应急响应	石膏堆积堵塞下料口	停止真空皮带机运行	值长
应急结束	石膏库料位降至正常值	下令应急结束，现场恢复正常的生产秩序	应急指挥部

注意事项
（1）石膏库料位堆积较多时，须及时通知外委公司调运车辆。
（2）石膏库料位持续升高影响生产，须及时通知相关人员。
（3）现场清运石膏须防止机械车辆伤害等

4.59 水漫灰坝应急处置卡

响应程序	情形（现象）	处置措施	责任人
发现	灰场区域连续下雨，灰场排水困难，积水严重	报值长，报 HSE 部灰场管理人员	灰场值班员
先期处置	接到汇报后	灰场班长组织人员排水，通知灰场抢险队伍到位监视	灰场班长
		HSE 部灰场管理前往核实查看险情	灰场管理
汇报	坝前积水接近坝体顶部三分之一处	灰场抢险队伍架设抽水设备，向灰坝下游抽水，降低水位	灰场班长
		观察坝前水位情况	灰场防汛队伍
		向值长、生产副总经理、总工程师及 HSE 部主任汇报，申请启动应急预案	HSE 部灰场管理
应急响应	坝前积水接近坝体中部	（1）携带抽水泵及电源线等赶往灰场支援；（2）架设大功率抽水设备向灰坝下游抽水，降低水位	维护抢修组
	坝前积水超过坝顶向下漫水	（1）在坝顶局部堆积沙袋，防止该区域粉煤灰被冲下；（2）用彩条布、塑料布等对坝体进行防护，防止漫水冲刷坝体	灰场防汛队伍

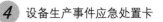

续表

响应 程序	情形（现象）	处置措施	责任人
应急 结束	坝前积水降至坝体 中线以下、暴雨停止	下令应急结束，现场恢复 正常的生产秩序	应急 指挥部

注意事项 （1）灰场值班人员加强巡检质量和频次； （2）灰场防汛队伍准备好，应急抽水设备随时待命； （3）抢险时防止坝体坍塌

4.60 雨雪冰冻天气运输困难应急处置卡

响应程序	情形（现象）	处置措施	责任人
发现	气象部门发布雨雪冰冻天气预警。	（1）接天气预警通知，通过协同办公、电话等向各部门进行预警，告知天气预报情况，要求提前做好准备； （2）通知配煤中心燃料部增加燃煤采购，增加储备量； （3）清运灰库、渣仓、石膏等，降低料位，做好就近存储准备； （4）提前联系增派液氨运输车辆，保证现场用氨； （5）做好道路冰雪、积水抢险的人员组织和器材准备（铲车、融雪剂、铁锹、排污泵等）	值长
	连续冰雪、大雨等恶劣天气，道路通行受阻	将受阻情况及可能开通时间，报告值长及公司领导，申请启动应急预案	燃料部计划调度
先期处置	铁路运煤不能通行	（1）派人观察道路（含铁路）运输情况，发现问题及时反馈； （2）通知燃煤供应车辆运输单位做好车辆和人员准备	燃料部主任
	公路运输困难	（1）增加铁路运输及大矿采购量；	

续表

响应程序	情形（现象）	处置措施	责任人
先期处置	公路运输困难	（2）车辆全部加装防滑链，保障运输	燃料部主任
	公路运输困难	开辟扩建端场地作为应急储灰场、储渣场，做好覆盖防止扬尘的准备	生产技术部主任
应急响应	道路运输中断	（1）做好燃煤及灰渣料位设备监视工作，发现异常及时采取应对措施； （2）发现严重影响机组安全运行的情况时，应及时汇报网调，根据储煤量降机组负荷	运行控制组
		通知外委公司做好其灰仓运行监视工作	HSE部主任
		加强与平煤集团联系，加强道路巡查，恢复铁路运输	燃料部主任
		组织人员清理冰雪厂区内及附近路段；道路积水时，组织抽排	物业经理
		与环保部门联系，征得同意后，在二期扩建区域或在大地水泥公司灰库区域开辟临时储灰点，并用帆布遮挡防止扬尘	HSE部主任
应急结束	雨雪停止，铁路、道路恢复畅通	下令应急结束，现场恢复正常生产秩序	值长

响应 程序	情形（现象）	处置措施	责任人
注意事项 （1）现场巡查人员必须 2 人以上，且应做好防止人员防滑、防溺水措施。 （2）现场巡查人员发现问题，应及时报告现场情况			

5

应急设备操作（使用）卡

5.1 干粉灭火器操作卡

ABC 干粉灭火器操作卡	
适用范围	（1）用于 A 类火灾（普通固体可燃物燃烧引起的火灾）； （2）用于 B 类火灾（油脂及一切可燃物体燃烧引起的火灾）； （3）用于 C 类火灾（可燃气体燃烧引起的火灾）； （4）电气设备初起火灾
操作步骤	（1）提起灭火器； （2）拔下保险销； （3）一手握住压把，一手握住喷管，用力压下手柄； （4）对准火源根部扫射
注意事项	（1）对准火焰根部，由近及远喷射，快速推进、不留残火、防止复燃； （2）使用灭火器应根据火情大小，距离着火点 2～7m 处开始喷射； （3）操作人员要站到上风处向下风处喷射，防止喷射物随风吹到操作人员身上，影响灭火效果； （4）扑灭油类火灾时，不要直接喷射油面，防止液体溅出； （5）在无安全保障的情况下，禁止向没有切断电源的电线、电气设备射水，以防触电

5.2 二氧化碳灭火器操作卡

二氧化碳灭火器操作卡	
适用范围	适用于贵重设备、档案资料、精密仪器、仪表、电气设备、油类的初期火灾扑救
操作步骤	（1）提起灭火器； （2）拔下保险销； （3）一手握住压把，一手握住喷管，用力压下手柄； （4）对准火源根部扫射
注意事项	（1）对准火焰根部由近及远喷射，快速推进、不留残火、防止复燃； （2）使用灭火器应根据火情大小，距离着火点 2～7m 处开始喷射； （3）操作人员要站到上风处向下风处喷射，防止喷射物随风吹到操作人员身上，影响灭火效果； （4）扑灭油类火灾时，不要直接喷射油面，防止液体溅出； （5）在无安全保障的情况下，禁止向没有切断电源的电线、电气设备射水，以防触电

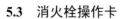

5.3 消火栓操作卡

消火栓操作卡	
适用范围	需要大量用水灭火时使用消火栓
操作步骤	（1）打开箱门或击碎玻璃，取出消防水带，展开消防水带； （2）一人将水带一头接在消火栓口上； （3）另一人将水带另一头接上消防水枪； （4）按下箱内消火栓起泵按钮； （5）按逆时针方向开启消火栓阀门； （6）对准火源根部，进行灭火
注意事项	（1）需 2 人配合使用； （2）禁止向没有切断电源的电线、电气设备射水，以防触电

5.4 消防炮操作卡

消防炮操作卡	
适用范围	当出现以下情况时，请立即使用消防炮灭火： （1）发生漏氨时； （2）发生重大火灾断电后； （3）需要大量水降温喷洒时
设备图解	
操作步骤	（1）射水操作时，松开上下运动锁紧螺钉，用操控把手调整好炮的喷射方向和角度，然后提高至所使用的压力，打开水炮开关； （2）转动直流/喷雾调节盘即可实现水的直流变换为开花，或将开花变换为直流
注意事项	（1）每次使用后，必须将炮体内水放净； （2）转动部位每 2 个月进行检查并加加润滑剂，以保证转动灵活； （3）喷射时，炮口前不能站人； （4）不能用于扑灭带电设备，以免触电； （5）非工作状态下，应置水平状态，并用防雨布盖好

5.5　干粉推车式灭火器操作卡

干粉推车式灭火器操作卡	
适用范围	（1）普通固体可燃物质（棉、麻等）； （2）可燃液体（柴油、汽油）； （3）可燃气体和蒸汽、带电设备
设备图解	
操作步骤	（1）一人取下喷枪，展开喷带，注意喷带不能弯折或打圈； （2）另一人拔出保险销，向上提起手柄，将手柄扳到正冲上位置； （3）对准火焰根部，扫射推进，注意死角，防止复燃
注意事项	（1）干粉推车式灭火器存放于干燥通风处，不可受潮或曝晒； （2）经常检查压力表，当指针低于绿区，进入红区时，应送专业机构检修

5.6　雨淋阀组手动操作卡

雨淋阀组手动操作卡	
适用范围	当发生火灾时，启动雨淋阀
设备图解	
打开步骤	（1）打开前信号蝶阀； （2）打开后信号蝶阀； （3）打开手动快开球阀； （4）检查水从管道喷至火灾、压力现场实施灭火
停止步骤	（1）关闭手动快开阀； （2）关闭前信号阀； （3）打开排水球阀； （4）关闭排水球阀； （5）关闭后信号蝶阀
注意事项	（1）启动时应检查设备及周边设备应停电； （2）消防水压不足时应通知值长启动电动消防泵； （3）停止时在使用中后排空管内积水

5.7 混合气体灭火系统手动操作卡

	混合气体灭火系统手动操作卡
适用 范围	当出现以下情况时，请启动混合气体灭火系统灭火： （1）当配电室发生火灾时； （2）气体防护区发生火灾没有被联动
设备 图解	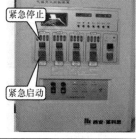
操作 步骤	（1）检查确认对应启动瓶上安全销是否拔掉； （2）按下气体控制器上对应区域"紧急启动"按钮或着火区域"门口启动按钮"； （3）延时 30s，对应区域启动瓶电磁阀动作； （4）灭火气体随管道喷至着火防护区
注意 事项	启动时应检查设备及周边设备是否处于备用状态

5.8 二氧化碳灭火系统手动操作卡

	二氧化碳灭火系统手动操作卡
适用范围	当出现以下情形时，请启动二氧化碳灭火系统： （1）原煤斗内部发生火灾时； （2）当联动发生故障时，手动启动
设备图解	
打开步骤	（1）打开储罐上方主阀； （2）打开汽化器加热，打开先导控制器入口阀； （3）到气体控制柜，同时按下"控制"、"启动"按钮，煤仓间着火煤斗旁边按下紧急启动按钮； （4）延时 30s 后，二氧化碳气体喷放至着火的煤斗内
停止步骤	（1）原煤仓火熄灭后，按下气体控制柜对应"复位"键； （2）关闭汽化器加热开关； （3）灭火完毕后关闭储罐上方主阀

5.9　泡沫灭火装置手动操作卡

泡沫灭火装置手动操作卡	
适用范围	当油罐及油管路发生火灾时，启动泡沫灭火装置
设备图解	
操作步骤	（1）打开进水一次阀； （2）打开进水二次阀； （3）打开罐内进水球阀； （4）打开出液一次球阀； （5）打开出液二次球阀、比例混合器开启阀； （6）打开对应的油罐泡沫出口阀、对应的油罐泡沫出口电动阀、泡沫液喷至指定油罐内； （7）打开泡沫栓出口阀、泡沫栓出口电动阀阀，开启罐区栅栏外泡沫栓灭火
注意事项	（1）在灭火完成后，要对管道内泡沫液也进行冲洗； （2）首先关闭罐内进水球阀、一次出液球阀和二次出液球阀、关闭1号、2号油罐出口电动阀； （3）待管道流出清水后，依次关闭进水一次门、进水二次门、进水电动阀等

5.10 气溶胶灭火装置手动操作卡

气溶胶灭火装置手动操作卡	
适用范围	当 SIS 机房和工程师站发生火灾不能扑灭时,启动混合气体灭火系统灭火

操作步骤	(1) 发现火灾; (2) 气体灭火控制器倒计时报警; (3) 人员迅速离开,关闭门窗; (4) 按下门口启动按钮; (5) 气溶胶喷至着火区域(自动)
注意事项	(1) 气体灭火控制器启动报警 15s 内,人员必须全部撤离配电室; (2) 气溶胶灭火剂从箱体中喷出,完全淹没灭火空间,达到灭火的目的

5.11 喷淋洗眼器使用卡

喷淋洗眼器使用卡	
适用范围	当发生有毒有害物质（如盐酸、硫酸、烧碱、氨等化学液体）喷溅到工作人员身体、脸、眼或发生火灾引起工作人员衣物着火时，应立即使用喷淋洗眼器进行冲洗
设备图解	
操作步骤	（1）如需要洗眼时，按顺时针方向轻推洗眼开关推板（配备踏板洗眼器可踩下踏板），洗眼阀门开启，按逆时针方向拉回推板，洗眼阀门关闭。用后需将防尘盖复位。 （2）需要冲淋时，应向下拉手柄进行冲洗，冲洗完毕后向上推起手柄
注意事项	（1）喷淋洗眼器用于紧急情况下，暂时减缓有害物对身体的侵害。进一步的处理和治疗需要遵从医生的指导，避免或减少不必要的意外。 （2）严重时期间准备应急抢救措施。 （3）进水管及进水总阀应有防冻措施

5.12 防化服穿着使用卡

防化服穿着使用卡	
适用范围	当出现以下情形时,穿戴防化服进入现场: (1)酸碱发生泄漏时; (2)有毒有害气体、液体发生泄漏时
设备图解	

续表

防化服穿着使用卡	
操作步骤	（1）撑开连体上衣的开口处，两脚伸进裤子穿上胶靴，整理服装，提至腰部后再穿入双手； （2）戴上防化服的帽子，理顺上衣护胸布，折叠后拉过胸襟盖片将护胸布盖严，然后将胸前揿扣揿好； （3）理顺帽子，把颈部的收紧带围着脖子绕一圈，在颈部松紧适度的地方扣上金属揿扣，随后佩戴空气呼吸器
注意事项	（1）防化服不得与火焰及熔化物直接接触。 （2）使用前必须认真检查服装有无破损，如有破损，严禁使用。 （3）使用防化服时，必须注意头罩与面具的面罩紧密配合，颈扣带、胸部的大白扣必须扣紧，以保证颈部、胸部气密。腰带必须收紧，以减少运动时的"风箱效应"。 （4）每次使用后，根据脏污情况用肥皂水或0.5%～1%的碳酸钠水溶液洗涤，然后用清水冲洗，放在阴凉通风处，晾干后包装。 （5）折叠时，将头罩开口向上铺于地面。折回头罩、颈扣带及两袖，再将服装纵折，左右重合，两靴尖朝外一侧，将手套放在中部，靴底相对卷成一卷。 （6）在保存期间严禁受热及阳光照射，不许接触活性化学物质及各种油类

5.13　正压式呼吸器使用卡

正压式呼吸器使用卡	
操作步骤	（1）佩戴时，先将快速接头断开（以防在佩戴时损坏全面罩），然后将背托放在人体背部（空气瓶开关在下方），根据身材调节好肩带、腰带并系紧，以合身、牢靠、舒适为宜。 （2）把全面罩上的长系带套在脖子上，使用前全面罩置于胸前，然后将快速接头接好。 （3）将供给阀的转换开关置于关闭位置，打开空气瓶开关，检查压力是否满足要求。 （4）戴好全面罩（可不用系带）后进行2～3次深呼吸，应感觉舒畅。屏气或呼气时，供给阀应停止供气，无"咝咝"的响声。用手按压供给阀的杠杆，检查其开启或关闭是否灵活。一切正常时，将全面罩系带收紧，收紧程度以既要保证气密又感觉舒适、无明显的压痛为宜。 （5）撤离现场到达安全处所后，将全面罩系带卡子松开，摘下全面罩。 （6）关闭气瓶开关，打开供给阀，拔开快速接头，从身上卸下呼吸器
注意事项	（1）必须对使用人员进行充分培训、考核，能够正确使用； （2）使用者身体健康，无职业禁忌症； （3）有下列疾病者禁止使用：肺病、各类传染病、高血压、心脏病、精神病、孕妇及不适宜佩戴的人员； （4）必须2人或2人以上协同作业，并确定好紧急时的联络信号； （5）本装备仅供呼吸系统的保护，在特殊情况下操作时，应另外佩用特殊防护装备； （6）在使用中因碰撞使面罩松动错位时，应屏住呼吸，并使面罩复位，以免吸入有毒气体，严禁在工作区摘下面罩

续表

正压式呼吸器使用卡	
操作图解	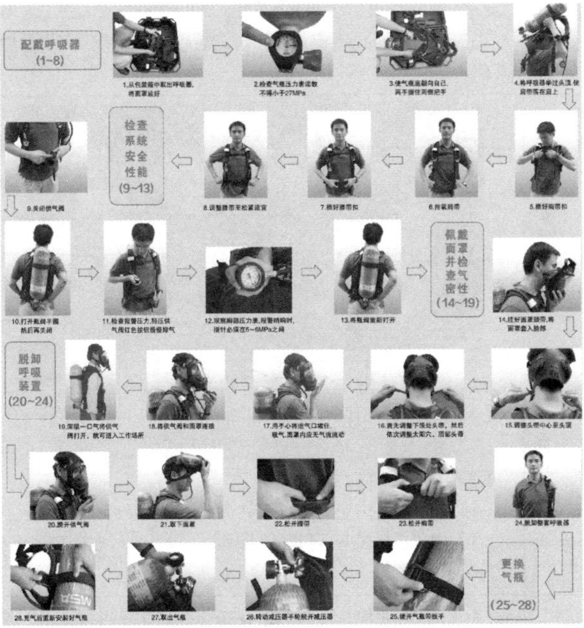

5.14 通风风机手动操作卡

通风风机手动操作卡	
适用范围	当发生火灾、产生烟雾或室温超过 40°时，快速启动通风风机
设备图解	
操作步骤	（1）检查风机电压电源是否正常； （2）将进风阀门关闭，通电后出风口阀门逐渐打开； （3）通电后看电动机转向和风机所示箭头方向（即出风方向）是否一致； （4）听风机和电动机的声音是否正常； （5）如发现风机有剧烈振动、撞击等现象时，应紧急停止
注意事项	（1）冷态试机时，导叶开度不可调得过急、过大，应监视电动机电流是否过载。因为冷态时，介质密度大于正常热态运行时的密度，且管网系统设备不一定完全正常投运，此时导叶开度过大有可能导致电动机过载。 （2）风机振动（如波动）较大，应立刻停机检查

5.15 防火卷帘手动操作卡

<table>
<tr><td colspan="2" align="center">**防火卷帘手动操作卡**</td></tr>
<tr><td>适用
范围</td><td>当出现以下情形时，手动启动防火卷帘：
（1）集控楼发生火灾时；
（2）防火卷帘未被联动时</td></tr>
<tr><td>设备
图解</td><td></td></tr>
<tr><td>操作
步骤</td><td>（1）击碎玻璃，按下手动按钮使卷帘归底；
（2）灭火结束，使用按钮升起卷帘；
（3）如按钮故障，用手动拉链升起</td></tr>
<tr><td>注意
事项</td><td>（1）人力启闭和电动不能同时使用；卷帘门启闭时，严禁门体下方站人或有其他障碍物。
（2）当卷帘运行时发生较大抖动或异响时，应及时停止</td></tr>
</table>

5.16 皮带拉线开关操作卡

皮带拉线开关操作卡	
适用范围	发生以下情况，就地人员应拉"拉线开关"，停止皮带的运行： （1）严重威胁人身和设备安全； （2）电气设备有异常气味或冒烟时； （3）传动机械发生严重振动或有异音； （4）皮带严重跑偏、打滑、撕裂或断裂； （5）清楚地听到设备内部有明显的金属摩擦声、撞击声； （6）落煤管严重堵塞； （7）移动装置越限； （8）轴承冒烟或温度急剧上升，超过规定值； （9）机械部分严重变形或脱落（如支架、滚筒、托辊等）
设备图解	运煤皮带的两侧均应装设紧急停运的"拉线开关"，如下图。
操作方法	（1）抓住拉线开关向各个方向用力拉动，直到皮带停运即可； （2）打电话通知燃料运行或值长
注意事项	（1）在紧急情况下，任何人都可以拉"拉线开关"，停止皮带的运行； （2）注意自身安全，如有人员伤害，立即开展现场救护（急救电话120）

5.17 事故按钮操作卡

适用范围	当出现以下任一紧急情况时，立即向上抽开盒盖，按下事故按钮： （1）威胁人身及设备安全的紧急情况； （2）电动机着火或冒烟； （3）强烈振动，串轴或内部发生冲击，定、转子相互摩擦； （4）电动机启动调节装置内出现火花及冒烟着火； （5）轴承冒烟或温度急剧上升超过规定值； （6）发生水灾、火灾已严重威胁设备安全； （7）电动机或机械设备损坏，难以维持运行
设备图解	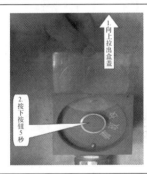
操作步骤	（1）向上或向右抽开盒盖； （2）按下事故按钮，并保持 5s
注意事项	（1）按下事故按钮应停留 5s； （2）立即打电话告知向 1 号机主值及值长现场情况； （3）注意自身安全，如有人员伤害，立即开展现场救护（急救电话 120）

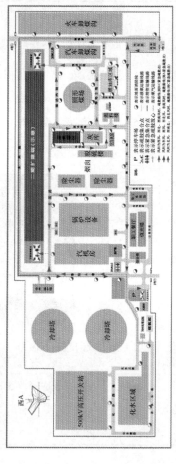

6 场所区域消防设施及应急疏散图

6.1 厂区布局及疏散平面图（示例）

国家电投河南电力有限公司平顶山发电分公司厂区消防栓布置及疏散平面图

6.2 集控楼消防设施及疏散平面图（示例）

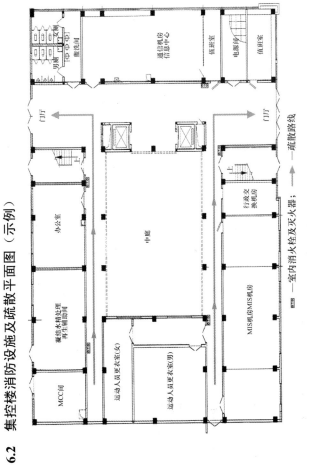

集控楼一楼消防设施及疏散平面图

图例 ——室内消火栓及灭火器； ——→ ——疏散路线

231

6.3 维护楼消防设施及疏散平面图（示例）

□□—室内消火栓及灭火器；　→—疏散路线

维护楼一楼消防设施及疏散平面布置图

232

6.4 燃油库消防设施及疏散平面图（示例）

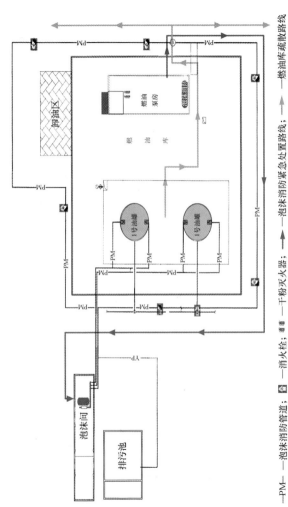

—PM— —泡沫消防管道；█ —消火栓；▇ —干粉灭火器；━━ —泡沫消防紧急处置路线；━━ —燃油库疏散路线

燃油库消防设施及疏散平面图

6.5 燃料综合楼消防设施及疏散平面图（示例）

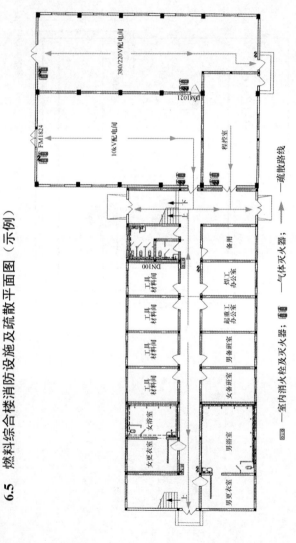

燃料综合楼消防设施及疏散平面图

▭—室内消火栓灭火器；　▮—气体灭火器；　——疏散路线

6.6 汽机房消防设施及疏散平面图（示例）

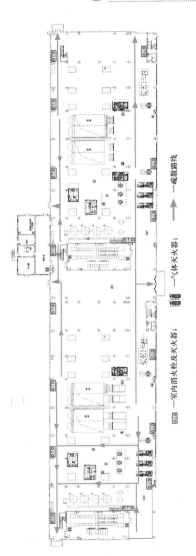

一室内消火栓及灭火器；　一气体灭火器；　一疏散路线

主厂房 0m 消防设施及疏散平面图

6.7 液氨库区消防设施及疏散平面图（示例）

氨区消防设施及疏散平面图

消防炮；　　气体灭火器；　　风向标；　　疏散路线

6.8 氢库区消防设施及疏散平面图（示例）

氢气汇流排间

氢气汇流排间

储氢空瓶间

储氢实瓶间

🔥 — 气体灭火器；　→ — 疏散路线

氢库消防设施及疏散平面图

7

人身伤害应急救护卡

7.1 人员触电紧急救护

人员触电紧急救护处置措施			
（1）确保救护员安全，将伤员脱离电源。 （2）判断伤员意识及时拨打 120			
无意识	（1）立即心肺复苏，有条件的用自动体外除颤仪除颤。 （2）每心肺复苏 5 个循环，除颤 1 次，综合评估病情。 （3）无合并伤时，坚持心肺复苏至医护人员到达或伤员意识恢复正常。 （4）送医院就诊	有意识	（1）检查伤情。 （2）无合并伤时：解开紧身衣物，就地休息、适当饮用温糖水、茶水。 （3）有合并伤时，如烧伤等，给予相应救护。 （4）送医院救治

7.2 挤压伤紧急救护

挤压伤紧急救护处置措施
（1）应尽早搬除或松解挤压物，并尽快将伤员移至安全地带。 （2）有伤口时应包扎伤口，怀疑有骨折时或肢体肿胀时，以夹板

续表

挤压伤紧急救护处置措施
将关节固定。 （3）挤压伤伤员的患肢严禁抬高、按摩、热敷

7.3 CO 中毒紧急救护

CO 中毒紧急救护处置措施
（1）快速展开救护（详见通则）。 （2）进入现场后需匍匐前进。 （3）现场严禁拨打电话、点火和拉电闸，以免引起爆炸

7.4 气体中毒、窒息紧急救护通则

气体中毒、窒息紧急救护通则	
进入 现场前	（1）做好自我保护，如现场毒物浓度很高，应佩戴正压式呼吸器、防护服、防护手套等。 （2）切断电源、切断气源、充分通风。 （3）喷雾稀释、溶解有毒气体。 （4）可用湿毛巾、湿衣服、湿纸巾等捂住口鼻
现场救 援注意	（1）解救伤员至空气新鲜处，有条件者可吸氧。 （2）伤员平卧，解其衣领、紧身衣物。 （3）若呼吸、心跳尚存可按压人中。 （4）伤者头部偏向一侧，清理呕吐物，防止堵塞气道。 （5）对心跳骤停者，立即电击除颤和持续心肺复苏
转送 医院	对昏迷者，保持原体位、保持呼吸道通畅

7.5　氨气中毒紧急救护

氨气中毒紧急救护处置措施
（1）快速展开救护（详见通则）。 （2）迅速撤离人员至上风口或安全集合点或要求的疏散半径，限制人员入内。 （3）脱去伤者衣服，用清水或 1%～3%硼酸水彻底清洗接触氨的皮肤，紧急情况下也可用醋酸来中和。 （4）用 1%～3%硼酸水冲洗眼睛，再滴抗生素及可的松眼药水

7.6　酸碱化合物灼伤紧急救护

酸碱化合物灼伤紧急救护处置措施
（1）小面积灼伤，可立即用大量清水冲洗，降温至正常体温。 （2）大面积灼伤，先用毛巾擦干化学物后，立即用大量清水冲洗至少 30min。 　酸灼伤：未经医务人员同意，切忌在烧伤和灼伤创面敷擦任何药物。 　碱灼伤：可用 2%醋酸溶液、清水依次冲洗至表皮脏物消失。 （3）化学物进入眼球，应及时用大量清水冲洗眼底。 （4）误服化学物时，立即口服牛奶和鸡蛋清以保护消化道黏膜，严禁洗胃

7.7　电灼伤、火焰烧伤及高温汽、水烫伤紧急救护

电灼伤、火焰烧伤及高温汽、水烫伤紧急救护处置措施
（1）电灼伤、火焰烧伤或高温气、水烫伤，均应保持伤口清洁，伤员的衣服鞋袜用剪刀剪开后除去。伤口全部用清洁布片覆盖，防止污染。

续表

电灼伤、火焰烧伤、高温汽、水烫伤紧急救护处置措施
四肢烧伤时，先用清洁冷水冲洗，然后用清洁布片或消毒纱布覆盖送医院。 　（2）未经医务人员同意，切忌在烧伤和灼伤创面敷擦任何东西和药物。 　（3）送医院途中，可给伤员多次口服少量糖盐水

7.8　人员窒息紧急救护

人员窒息紧急救护处置措施
（1）快速展开救护（详见通则）。 　（2）抢救时最重要的是打开门窗、通风口、送风口，要确保环境通风。 　（3）救护人员进入受限空间时要佩戴正压式呼吸器

7.9　烧伤程度判定

烧伤程度判定卡		
程度	表现症状	身体感觉
一度	皮肤泛红、肿胀、表面干燥、没有水泡	感觉疼痛，有火辣感觉
二度	浅二度：有水泡，水泡破后的创面是红润的、渗液多	剧痛、感觉敏感
	深二度：有水泡，水泡破后的创面是红白相间，少渗液	感觉迟钝
三度	伤及皮肤全层，甚至可达皮下、肌肉、骨骼等，皮肤坏死、脱水后可形成焦痂，伤口呈现白色或黑色的碳化皮革样	几乎没有痛感（末梢神经受损）

7.10　人员中暑紧急救护

<table>
<tr><th colspan="2">人员中暑紧急救护处置措施</th></tr>
<tr><td>移</td><td>（1）将患者转移到通风阴凉处。
（2）宽松患者衣服，安静休息。
（3）如衣服被汗水湿透，应及时更换衣服</td></tr>
<tr><td>降</td><td>（1）用酒精或冷水擦拭身体。
（2）在前额、腋下、大腿根部用冷毛巾或冰袋冷敷。
（3）不要降温过快，体温降至正常体温即可</td></tr>
<tr><td>补</td><td>（1）意识尚存者，可服一些清凉饮料、淡盐水。
（2）不要一次性补水过多，每隔半小时补充 250mL 的淡盐水</td></tr>
<tr><td>抢</td><td>（1）患者失去知觉，立即掐人中、合谷等穴位，促其苏醒。
（2）若患者呼吸心跳骤停，立即实施心肺复苏</td></tr>
</table>

7.11　食物中毒紧急救护

<table>
<tr><th>食物中毒紧急救护处置措施</th></tr>
<tr><td>（1）立即拨打 120 求助。
（2）现场解毒方法：
　催吐法：适用于神智清晰的患者，但注意不要催吐过量，可采用抠喉催吐和浓盐水催吐。
　利尿法：食物中毒后不久可马上饮用适量淡盐水。
　导泻法：适用于饮食时间超过 2h、精神较好者，把适量的中药大黄用水煎服，元明粉用开水冲泡服。
　解毒法：化学性食物中毒，可服用鲜牛奶解毒；因吃变质的鱼虾等中毒者，可服用少量加有食醋的凉水。
（3）现场急救注意事项：
　1）不要轻易服止泻药；</td></tr>
</table>

续表

食物中毒紧急救护处置措施
2）腹部剧痛时可采取屈膝体位或自己舒适的体位，并注意腹部保暖； 3）呕吐期间不要喝水进食，停止后可补充适量淡盐水； 4）留取呕吐物和大便样本，送到医院以便确诊和救治

7.12 人员冻伤紧急救护

人员冻伤紧急救护处置措施
（1）迅速脱离寒冷环境，尽快复温。 （2）局部冻伤： 1）将冻伤肢体浸泡在30～32℃的温水中，待体温正常后停止浸泡； 2）局部用清水或肥皂水清洁后涂冻伤膏； 3）糜烂处可用抗菌类和可的松类软膏。 （3）全身冻伤： 1）脱掉湿冷衣服，盖被子； 2）将热水袋放在腋下、腹股沟处迅速升温； 3）将伤者浸泡在30～32℃的温水中，待体温正常后停止； 4）伤者意识恢复后，可饮用热饮料； 5）若患者呼吸心跳骤停，立即实施心肺复苏

7.13 人员救护常识

7.13.1 现场救护生命链

现场救护生命链
（1）评估环境，做好自身防护。 （2）判断意识。 一拍：救护员双手同时轻拍病员双肩。

续表

现场救护生命链
二叫：喊伤员名字或以"先生""小姐"代替。
三观察：观察伤病员脸色，如"苍白""发绀"等。
（3）高声呼救。向在场人员求救，取应急药箱。
（4）拨打120急救电话，说明以下内容：
1）伤员所处准确位置；
2）伤员基本情况；
3）受伤原因和主要表现；
4）报警人姓名、电话。
（5）早期心肺复苏。
（6）早期心脏除颤。
（7）止血、包扎、固定、转运

7.13.2　心肺复苏

心肺复苏法
（1）摆放体位：让伤员平躺仰卧于平硬处。
（2）判断呼吸、心跳：松开伤病员紧身衣领，观察其脸色和胸腹起伏情况，食指中指触摸病员一侧颈动脉。
1）看。看伤员的胸部、上腹部有无呼吸起伏动作。
2）听。用耳贴近伤员的口鼻处，听有无呼气声音。
3）试。试测口鼻有无呼气的气流。再用两手指轻试一侧（左或右）喉结旁凹陷处的颈动脉有无搏动。
（3）胸外心脏按压：对呼吸心跳骤停者，应尽快以不小于100次/min的速度进行胸外按压30次，深度不小于5cm。
（4）打开气道：检查口腔异物并清除，以仰头提颌法将伤员的气道打开90度。
（5）人工呼吸，以口对口人工吹气2次。
（6）以30:2的按压和吹气比例，连续进行5个循环后，综合判断伤员总体状态。
（7）连续实施胸外按压，坚持到医护人员接诊

续表

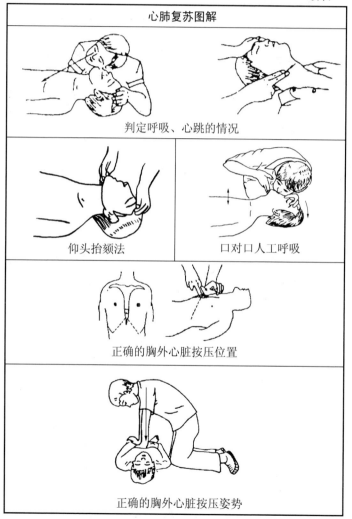

7.13.3　指压止血法

指压止血法图解		
头顶出血止血	颏面部出血止血	头面部出血止血
一侧头顶出血,可用食指或拇指压迫同侧耳前方搏动点进行止血	一侧颜面部出血,可用食指或拇指压迫同侧下颌骨下缘、下颌角前方 30mm 处进行止血	一侧头面部出血,可用拇指或其他四指压迫同侧气管与胸锁乳突之间进行止血
肩腋部出血	前臂出血止血	手部出血止血
可用拇指压迫同侧锁骨中窝中部的搏动点进行止血	前臂出血,可用拇指或其他四指压迫上臂内侧二头肌的内侧沟处的搏动点进行止血	手部出血,互救时可用两手拇指分别压迫手腕横纹稍上处内外侧的各一搏动点进行止血
大腿以下出血止血	足部出血止血	

续表

指压止血法图解	
大腿以下出血，自救时可用双手拇指重叠用力压迫大腿上端腹股沟中点稍下方的一个强大的搏动点进行止血。互救时，可用手掌压迫，另一压在其上进行止血	足部出血，可用两手食指或拇指分别压迫足部中部近腕处和足跟内侧与内踝之间进行止血

7.13.4 伤口包扎方法分类

处 置 措 施
（1）包扎要轻、快、准、牢。 （2）要松紧适中，出血处稍紧、烧烫伤处可稍松。 （3）绷带包扎有以下几种方法： 1）环形包扎法； 2）螺旋包扎法； 3）螺旋反折包扎法； 4）8字包扎法。 （4）三角巾包扎有以下几种方法： 1）头顶帽式包扎，适用于前额、头顶出血； 2）双眼包扎； 3）单肩包扎； 4）前侧胸（背）包扎； 5）双侧胸（背）包扎； 6）躯干等包扎； 7）手部包扎； 8）手臂吊挂； 9）膝盖包扎

7.13.5　止血带止血

<table>
<tr><td colspan="2" align="center">止血带止血处置措施</td></tr>
<tr><td colspan="2">

（1）不能用没弹性细小的东西代替止血带。
（2）上肢出血，绑到上臂1/3处；下肢出血，绑到大腿中上部。
（3）止血带不能直接与皮肤接触。
（4）松紧适当，能止住血为度。
（5）时间不宜过长，标明时间，每隔40～50min松开3～5min。
（6）放松止血带，出血量比较多时，可以用指压法临时止血
</td></tr>
<tr>
<td align="center">

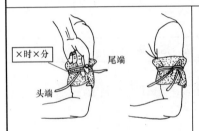

止血带止血法
</td>
<td align="center">

抬高下肢
</td>
</tr>
<tr>
<td>

用止血带或弹性较好的布带等止血时，应先用柔软布片、毛巾或伤员的衣袖等数层垫在止血带下面，以左手的拇指、食指、中指持止血带的头端，将长的尾端绕肢体一圈后压住头端，再绕肢体一圈，然后用左手食指、中指夹住尾端后，将尾端从止血带下拉过由另一缘牵出，使之成为一个活结，如需放松止血带，只需将尾部拉出即可
</td>
<td>

高处坠落、撞击、挤压可能使胸腹内脏破裂出血，此时伤员虽然外观无出血，但表现面色苍白、脉搏细弱、气促、冷汗淋漓、四肢厥冷、烦躁不安，甚至出现神志不清等休克状态。应迅速将伤员躺平、抬高下肢、保持温暖，速送医院救治。若送院途中时间较长，可给伤员饮用少量糖盐水
</td>
</tr>
</table>

7.13.6 骨折固定方法

骨折处置措施
（1）颈椎骨折： 1）伤员平卧时，双手牵引头部； 2）伤员坐位时，双手夹紧前胸后背； 3）使用颈托。 （2）脊柱受伤时，必须使用脊柱板固定。 （3）前臂骨折时，用衣服、报纸、夹板固定后悬吊于胸前。 （4）上臂骨折时，用夹板固定。 （5）大腿骨折时： 1）用夹板固定大腿上下端，并检查血液循环； 2）用三角巾、长布带或腰带一并将双下肢固定。 （6）小腿骨折时，用五条宽带固定骨折处上下端和大腿、踝部。 （7）骨盆骨折时，伤员平卧，屈膝，将膝盖垫高

骨折固定方法图解
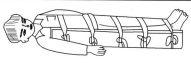 腰椎骨折固定
应将伤员平卧在平硬木板上，并将腰椎躯干及两侧下肢一同进行固定，预防瘫痪。搬动时应数人合作，保持平稳，不能扭曲腰部

	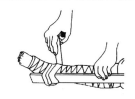
前臂骨折固定	小腿骨折固定

骨折处置措施
肢体骨折可用夹板或木棍、竹竿等将断骨上、下方两个关节固定。也可利用伤员身体进行固定，避免骨折部位移动，以减少疼痛、防止伤势恶化。开放性骨折且伴有大出血者，先止血，再固定，并用干净布片覆盖伤口，然后速送医院救治。切勿将外露的 断骨推回伤口内。在发生肢（指）体离断时，应进行止血并妥善包扎伤口，同时将断肢（指）用干净布料包裹随送，最好低温（4℃）干燥保存，切忌用任何液体浸泡。 　　若怀疑伤员有颈椎损伤，在使伤员平卧后，可用沙土袋（或其他代替物）放置在头部两侧，使颈部固定不动。必须进行口对口呼吸时，只能采用抬颏使气道通畅，不能再将头部后仰移动或转动头部，以免引起截瘫或死亡

7.13.7 快速转运伤员方法

快速转运伤员处置措施
（1）担架搬运注意事项： 1）折叠担架：脊柱损伤人员禁用。 2）脊柱固定板。 3）用杠子和门板自制"木板担架"。 4）用杠子毛毯、单子自制"毛毯担架"。 5）杠子和绳索制作"绳子担架"。 （2）徒手搬运注意事项： 1）搀扶法：脊柱、大腿骨折禁用。 2）背负法：胸部损伤、四肢、脊柱骨折禁用。 3）抱持法：适用于体重较轻、伤情不重。 4）双人拉车法：脊柱患者禁用。 5）轿杠式搬运：神志不清的骨折人员禁用。 （3）其他：衣服拖行、毛毯拖行、腋下拖行法。 三（四）人平托法：适用脊柱骨折
搬运伤员方法图解
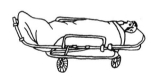  搬运伤员的方法

移动伤员或将伤员送医院时，除应使伤员平躺在担架上并在其背部垫以平硬阔木板（见图7-9）外，还应继续抢救。心跳呼吸停止者，应继续用心肺复苏术抢救，并做好保暖工作。

在转送伤员去医院前，应充分利用通信手段，与有关医院取得联系，请求做好接收伤员的准备。同时对触电伤员的其他合并伤，如骨折、体表出血等作相应处理。

应急处置程序卡

8.1 应急处置程序图

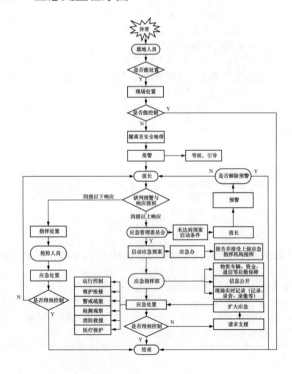

8.2 应急组织机构

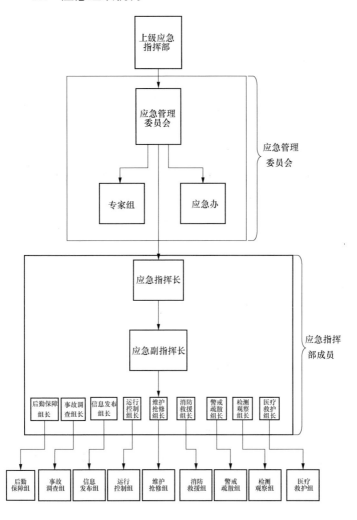

8.3 应急决策判定卡

8.3.1 紧急程度判定

事故的紧急程度分四级，见表8-1。

表8-1 事故紧急程度判定

级别	A级（特急）	B级（紧急）	C级（较急）	D级（一般）
情形	随时可能发生事故，难以坚持8h	可坚持48h	应能坚持1星期	应能坚持3个月

8.3.2 严重程度判定

按照风险大小及危害、损坏程度，事故严重程度可分为分四级，见表8-2。

表8-2 事故严重程度判定

级别	甲级（特别严重）	乙级（很严重）	丙级（严重）	丁级（一般）
情形	可能造成100万元以上经济损失或危及多人生命安全	可能造成10万～100万元经济损失或危及生命安全	可能造成1万～10万元经济损失或人身重伤	可能造成1千～1万元经济损失或人身轻伤

8.3.3 预警分级判定

根据事故的紧急程度和严重程度,事故预警可分四级,即极度危险（红色）、非常危险（橙色）、比较危险（黄色）、一般危险（蓝色），见表8-3。

表 8-3 事故预警分级判定

紧急程度 \ 严重程度	A 级 (特急)	B 级 (紧急)	C 级 (较急)	D 级 (一般)
甲级（特别严重）	红色	红色	橙色	黄色
乙级（很严重）	红色	橙色	黄色	蓝色
丙级（严重）	橙色	黄色	黄色	蓝色
丁级（一般）	黄色	蓝色	蓝色	蓝色

8.3.4 预警信息格式（示例）

国家电投集团河南电力有限公司平顶山发电分公司
预警信息
平电应急预警〔   〕号

（1）预警级别：_____
（2）事发地点：_____
（3）事发时间：_____
（4）事发性质：_____
（5）可能发生的后果和影响范围：_____
（6）警戒区域：_____
（7）人员疏散半径或范围：_____
（8）紧急疏散点：_____
（9）当值值长：_____

8.3.5 预警准备

相关人员接到值长发布的预警信息、进入预警状态后，应开展的响应准备工作包括但不限于：

（1）如果在休息时间（节假日或晚上），由公司值班主值组织公司值班人员成立临时指挥部，立即赶往现场接受值长指挥，现场抢险和采取防范措施，防止事态扩大。

（2）作为事发部门主任，应立即赶往现场抢险，接受值长指挥。

（3）各救援小组相关人员进入预警状态，做好应急准备工作。

（4）协调相关专家做好前往现场的准备。

（5）协调应急物资，做好调配准备。

（6）保持通信畅通，持续跟踪并详细了解事态发展以及现场处置情况。

（7）做好对外信息公开和起草上报材料的准备。

8.3.6 预警解除

根据更新信息进行预测，值长初步判断并由应急管理委员会决定是否解除预警，由值长发布预警解除信息。

8.3.7 应急响应级别

根据应参加抢险救援人数和范围等将应急响应分为四级，见表8-4。

表8-4　　　　应急响应级别分类

级别	响应范围		应急指挥	
	响应人数	响应部门	公司职务	应急职务
I级	抢险人数超过50人或含应急准备人员总人数超过100人	多部门的联合行动，主要参加部门超过主管领导的分管范围	总经理或其委托人	应急管理委员会主任
II级	抢险人数超过50人或含应急准备人员总人数超过100人	主要参与部门在主管领导的分管范围	分管领导或其委托人	应急指挥长

续表

级别	响应范围		应急指挥	
	响应人数	响应部门	公司职务	应急职务
III级	抢险人数10～50人或含应急准备人员总人数在20～100人	主要参与人员为2个以上部门	副总工程师或其委托人	应急指挥长
IV级	抢险人数10～50人或含应急准备人员总人数在20～100人	主要参与人员为1个部门	责任部门主任或其委托人	组长

8.3.8 抢险救援令格式（示例）

国家电投集团河南电力有限公司平顶山发电分公司

抢险救援令

平电应急救〔　　〕号

（1）响应级别：＿＿＿＿＿

（2）事发地点：＿＿＿＿＿

（3）事发时间：＿＿＿＿＿

（4）事发性质：＿＿＿＿＿

（5）可能发生的后果和影响范围：＿＿＿＿＿

（6）警戒区域：＿＿＿＿＿

（7）人员疏散半径或范围：＿＿＿＿＿

（8）应急集合点：＿＿＿＿＿

（9）应急管理委员会主任：＿＿＿＿＿

（10）应急办主任：＿＿＿＿＿

（11）应急指挥部成员及其应急职务：＿＿＿＿＿

8.3.9 应急疏散半径判定

应急疏散半径的判定见表8-5。

表 8-5   应急疏散半径判定

事故类别	情形	疏散半径	备注
液氨泄漏	罐区内发生少量液氨泄漏	罐区围墙外 20m	下风向 20m
	罐区外检测到浓度为 $5\mu L/m^3$	50m	下风向 100m
	罐区外检测到浓度为 $10\mu L/m^3$	200m	下风向 500m
火灾	柴油油罐着火	200m	下风向 300m
	柴油油库管沟着火	20m	
	氢气瓶着火	50m	
	发电机氢气着火	50m	
	其他火灾	20m	
盐酸泄漏	轻微泄漏	10m	
	较大泄漏	30m	
烧碱泄漏	轻微泄漏	10m	
	较大泄漏	20m	
倒塌险（含地震、火灾等原因）	坍塌建筑物高度在 2～5m	5m	
	坍塌建筑物高度在 5～15m	10m	
	坍塌建筑物高度在 15～30m	20m	
	坍塌建筑物高度大于 30m	30m	
	建筑物或设备有倾倒风险时	建筑物或设备高度的 1.2 倍	

8.4 个人应急卡

每人身上携带的应急卡，应包括本人岗位责任范围和应急职责，现场安全注意事项，发现异常危急情况的处置程序，报警程序和渠道，个人信息（身份、血型、疾病）、紧急联系人（单位和家庭）等，可结合工作证设计制作。

个人应急卡板面设计（正面）

照片	姓名		编号	
	部门		岗位	
以下可能涉及隐私，本人填写后密封，紧急情况可刮开				
血型：		性别：		出生　年　月
健康信息（禁忌药，禁忌症，易突发疾病等）：				
住址				
单位联系人				
家庭联系人				
本人电话				

个人应急卡板面设计（背面）

安全提示

请查看厂区布局图，熟悉危险源和疏散点位置，了解建筑物和道路情况。在工作和行走时，请注意查看安全通道和出口，观察头顶、脚下及周边

您有权拒绝可能对人员造成危险的作业，有权要求停止存在严重隐患的风险工作项目。

如遇异常情况，切勿慌乱，遵循以下原则和要求处置

应急处置原则：两保三快

保护自己，保护他人；能处置则快速处置，控制事态，不能处置则快速撤离，同时快速报告（报警），并向周围发出呼叫、预警

处置要求（口诀：查、处、跑、报）

一查。首先要观察判断，注意声光、气味、风向及周围情况、安全通道、应急物品、人员行为等，判断危险情况、发展趋势和正确的逃生路线等。

二处。如果属于您管理范围，或您有能力、有经验处理，请快速进行先期处置，首先注意救助受伤受困人员，停运危险设备，切断事故源，用灭火器消灭初起火灾，控制事态。

三跑。如事故较大或不能处理、不会处理，应立即从安全通道撤离到安全地方，撤离时请注意风向和危险物质扩散方向，远离事故源。

四报。脱离危险后，马上向值长报告，可同时向火警、应急办及向事发部门和您的领导汇报，如人员生命受到严重威胁或构成事故时，可直接向公司领导报告，也可对外报警和求救。报警后应等候引导救援人员和车辆

报警电话

火警 119　急救 120　警察 110

值长_____火警_____应急办_____

8.5 火灾事故处理、疏散常识

8.5.1 火灾事故处理原则

火灾事故处理原则

（1）早灭火、早报警：对于可立即用灭火器或简易灭火工具消灭的初期火灾，应立即扑灭并立即报警。

（2）先控制、后灭火：对于不能立即扑救的火灾，要首先控制火势的继续蔓延和扩大，在具备扑灭火灾的条件时，展开全面扑救。隔离和处理易燃、易爆物品，如氢气、液氨、油类泄漏时，应使用铜制工具和其他防止产生电火花的措施。

（3）救人第一：火场上如果有人受到火势的围困时，应急人员或消防人员首要的任务是把受困的人员从火场中抢救出来。在运用这一原则时可视情况，救人与救火同时进行，以救火保证救人的展开，通过灭火，从而更好地救人脱险。

（4）施救人员做好个人防护，如穿戴隔热服、正压式呼吸器、照明设备等，做好组织协调，保证施救人员安全。

（5）先重点后一般：在扑救火灾时，要全面了解并认真分析火场情况，区别重点与一般，对事关全局或生命安全的物资和人员要优先抢救，之后再抢救一般物资

8.5.2 火灾报警内容

火灾报警内容

（1）直接报告值长和火灾报警中心。

（2）详细说明地点、起火部位、着火物质、火势大小、被困人员人数。

（3）留下联系人姓名和联系电话，派人路口等候消防车

8.5.3 灭火设备分类

灭火设备分类		执行人
灭火器适用范围	固体火灾：干粉灭火器	所有员工
	液体火灾：干粉灭火器、二氧化碳灭火器、泡沫灭火器	
	气体火灾：干粉灭火器、二氧化碳灭火器	
	带电物体火灾：干粉灭火器、二氧化碳灭火器	
自动灭火装置分类	IG541 自动灭火装置气体自动灭火装置（可手动操作）	集控巡操员
	超细干粉自动灭火装置	自动方式
	气溶胶自动灭火装置	
	火探管自动灭火装置	
	二氧化碳自动灭火装置（可手动操作）	集控巡操员
	泡沫自动灭火装置（可手动操作）	燃料副值

8.5.4 应急疏散设施分类

应急疏散设施分类	
1. 安全出口	公司楼宇、厂房的各层、各房间均有"安全出口"标志，安全出口均与疏散楼梯相通
2. 疏散走道	指室内走廊或过道，平时要注意不要堆放杂物
3. 疏散楼梯	公司疏散楼梯包括普通楼梯、室外疏散楼梯和封闭楼梯，无防烟楼梯。疏散时，通过疏散楼梯至室外应急疏散点

应急疏散设施分类	
4. 消防电梯	公司无消防电梯，发生火灾时禁止乘坐电梯
5. 应急照明	每一个安全出口上方都有事故照明，火灾发生时交流电中断，依靠自身的直流电可维持 30min 的照明
6. 疏散指示标志	疏散指示标志一般装设在疏散走道的墙面上和楼梯的拐角处
7. 防火卷帘	在生产楼各层装设有防火卷帘，某一层着火时，为防止蔓延，应立即关闭对应楼层的防火卷帘
8. 常闭消防门	正常时打开后，会在闭门器作用下自动关闭
9. 应急广播	应急广播控制台设在运行集控室
10. 应急疏散点	公司有 3 个应急疏散点，1 号门处的停车场（1 号），扩建场地南北两端（2 号和 3 号）

8.5.5 个人应急疏散注意事项

个人应急疏散注意事项
（1）保证呼吸、防烟毒害，可用湿毛巾、湿纸巾等捂住口鼻； （2）及时关闭电源、空调等； （3）大声呼救、通知附近人员撤离； （4）低姿、沿疏散通道有序撤离，避免踩踏； （5）无法出门时，回屋关门、对外求援； （6）结绳下滑； （7）关门防烟、泼水降温、堵塞门缝

8.5.6 应急疏散的组织

应急疏散的组织	执行人
由应急指挥部划定警戒范围，保卫部门执行警戒和疏散	保安队
平时各级管理人员应熟知各类疏散设施，当需要疏散时，各部门在场管理人员负有在初期组织疏散的职责。严禁不顾他人生命安全，自行逃生	各级管理人员
（1）组织人员有序疏散，提醒人员不要拥挤和乱冲乱跑； （2）提示人员疏散路线、个人防护； （3）劝说人员快速撤离和不要重返火场	保安队

8.6 交通事故应急常识

8.6.1 交通事故应急处置程序

处 置 措 施	执行人
（1）排除险情 1）立即停车，开启闪光灯。 2）设置安全范围，普通路段在来车方向 50～100m 处放置警示牌；在高速公路上时，在 150～200m 处放置警示牌。 3）伤员被压时，应抬离车体后再急救。 4）易燃易爆物品泄漏时，应先切断电源	司机
（2）紧急呼救 1）拨打 120、122 和应急指挥部。 2）说明事故事件、地点、人员安危和车辆受损情况； 2）留下联系人电话和姓名	司机 乘客
（3）保护现场	乘客
（4）转运伤员：伤情严重的人员力求在 10min 内得到现场救治，1h 内转送到医院	医疗救护组

8.6.2 交通事故现场自救常识

交通事故现场自救常识	
翻车或坠车	（1）尽快跳车，不要朝翻车方向跳车，以防跳出车外后被车体压住； （2）无法跳车时，尽量固定身体，驾驶员抓紧方向盘，两脚勾住脚踏板； （3）伤员被压时应抬离车体后再急救
车落入水中	（1）双手紧抓扶手或椅背，身体后仰，紧贴靠背，随车体翻滚。 （2）车辆下沉时最好立即从车窗逃出，尽快发出求救信号。 （3）车辆坠落时，应紧闭嘴唇，以防咬伤舌头，关闭车门和所有车窗，阻止水涌进。 （4）逐渐下沉时，保持镇定，耐心等待，不要急着打开车门。 （5）当水位不再上升时，尽快开门逃生；若门无法打开，可用修车工具或受伤缠上衣服后打破车窗玻璃逃生
紧急救护	（1）先抢救后治伤，先重后轻，充分利用现场资源； （2）对脊柱受伤者决不能随意移动，否则会导致瘫痪，严重时会当场死亡； （3）颈椎受伤时，尽快上颈托，避免随意晃动颈椎； （4）可使用四人平托法或脊柱固定板搬运脊柱骨折的伤员； （5）对怀疑颅脑外伤的伤员，可能会出现神志不清、呕吐的表现，可让伤员侧卧、头部偏向一侧

8.7 雷击应急常识

雷击处置措施
（1）在空旷地方应迅速缩小人的体积： 1）马上蹲下，双手抱膝，两脚尽可能并排； 2）除去身上金属物品，关闭手机； 3）不要打伞或高举物体； 4）不能骑车。 （2）不要在树下、电塔、铁护栏及高大建筑物外、高压线等处躲雨避雷。 （3）在江、河、湖泊、泳池或水池中，尽快离开水面。 （4）雷击后急救：转移伤员到附近避雨避雷处，按照触电流程处理

8.8 地震应急常识

	地震应急措施
避震原则	（1）大地震： 1）震时就近躲避，震后迅速撤离； 2）处于一楼者可直接迅速外逃至安全地带； 3）近水不进火，靠外不靠内。 （2）微震或小震：及时收听广播，了解发生地震的地方
紧急避震	（1）室外时，可逃至最近的应急疏散点，不要回到室内。 （2）在室内时，可逃至以下地方： 1）坚固的三角空间：如墙角、桌子、写字台和坚固的家具旁； 2）小空间：如厕所、厨房等。 （3）不要乱跑，避开人多的地方。 （4）避开高大建筑物及危险物，如立交桥、高烟囱、电塔等。 （5）在行驶的车辆中时：

地震应急措施	
紧急 避震	1）司机：开离立交桥、山坡、水坝，停车于宽阔地方； 2）乘客：抓牢扶手、椅角，蹲坐在座位附近，待震后再下车。 （6）在江河海边时： 1）尽量远离海岸线，向高处转移； 2）不要在水坝、堤坝上停留，防止垮坝或洪水； 3）离开桥面或桥下，以防桥梁坍塌。 （7）在电厂中时：抱头就近躲在稳固高大的设备下
现场救 护措施	（1）先建立通风孔道，以防缺氧窒息。 （2）先扒出头部，清除伤员口、鼻、眼中泥沙，再扒出下肢。 （3）缝隙中救人，应保持伤员脊柱水平，避免损伤脊髓。 （4）建立医疗救护小组，进行检伤分类，区别情况救治
震后受 困处置 措施	（1）保持镇定，不乱喊乱叫、不乱跑。 （2）手机求援，告知位置。 （3）就近找到食物、水，必要时喝尿液解渴。 （4）避开松动处、用硬物敲击呼救

应急资源卡

9.1 应急装备设施

名称与型号	功能与用途	管理人	联系电话
泡沫消防 8T\60 泵	扑救油类火灾	消防队	
水罐消防 8T\60 泵	扑救非电气类火灾	消防队	
消防灭火战斗服（20 套）	灭火救援，隔热	消防队	
消防灭火救援服（20 套）	隔热	消防队	
隔热服（10 套）	隔热	消防队	
正压式消防空气呼吸器	有毒气体场所	消防队	
消防液压破拆工具	门窗破拆	消防队	
消防金属切割机 k750	门窗破拆	消防队	
单杠梯	登高救援	消防队	
挂钩梯	登高救援	消防队	

续表

名称与型号	功能与用途	管理人	联系电话
消防缓降器（50m）	高空人员救护	消防队	
汽车吊 40t	重物起吊		
推土机（2台）	工程施工		
铲车（2台）	工程施工		
潜水泵（5台） QW150-20-18.5	抽水		

9.2 应急专家库

姓名	专业特长	部门与岗位	联系电话

9.3 应急队伍（兼职）

队伍名称	人数	责任范围与技术特长	主任	联系电话
消防队		消防灭火、搜救人员	消防队	
保安队		保卫、警戒、疏散	保安队	
设备维护（兼职）抢险队		发电设备抢修		

9.4 应急物资

物资名称	型号	数量	用途	保管人与联系电话
防爆照明灯	防爆	2 台	照明	
编织袋	普通	5000 条	防汛	
彩条布	普通	4 卷	防汛	
潜水泵	QW150-20-18.5	5 台	抽水	

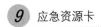

续表

物资名称	型号	数量	用途	保管人与联系电话
电缆	4×31A	5 盘	防汛	
铁锹	带把	50 把	防汛	
铁锹	带把	50 把	防汛	
铁镐	带把	50 把	防汛	
扎绳	普通	2 盘	防汛	
塑料布	普通	4 卷	防汛